광우병 논쟁

현대과학쟁점 01

광우병 논쟁

광 우 병의 실 체를 밝 히 기 위 한
과 학 자 들 의 끈 질 긴 투 쟁 의 역 사

김기흥 지음

해나무

머 리 말

필자는 한국에서 광우병 파동이 일어나기 전인 2007년부터 이 책을 준비해왔다. 지난 10년 동안 영국과 미국을 비롯한 전 세계 과학자들이 어떻게 광우병을 연구하고 이들의 과학연구가 사회 변동과 어떻게 연관되는지 연구하면서 한국 독자들에게 상대적으로 잘 알려지지 않은 이 질병의 역사를 소개하고 싶었기 때문이다. 그러던 즈음 지난해 한국에서 갑작스럽게 광우병 파동이 발생했고 이 질병은 사람들에게 너무나 잘 알려진, 그러나 동시에 깊이 있게 이해되지 않는 질병이 되었다. 각 신문 지면과 인터넷에 광우병 관련 정보가 과도하게 넘쳐나면서 사람들이 이 질병에 대해 표면적인 사실만을 접하는 모습을 보게 되었다. 어떤 경우에는 지나치게 과장되고 곡해된 정보가 전달되었다.

사실 지난 30년 동안 과학자들이 어떻게 이 질병을 발견하고 이해하고 연구해왔는지를 알아보지 않고서는 이 복잡한 질병의 실체를 정확하게 이해할 수 없다. 만일 이 질병에 대한 모든 사실을 과학자들이 밝혀냈다고 생각하고는 간단하게 그 정보에 근거하여 판단하면 심각한 오해를 불러일으킬 소지가 다분하다. 예를 들어 광우병은 공기나 물에 의해서도 전염되는 질병이라든지 복에서 독을 빼면 안전한 것처럼 특정 부분만을 제거하면 안전하다든지 하는 식의 잘못된 정보가 현직 장관의 입과 인터넷을 통해 확산되었다. 그리고 한국에서 광우병 연구 분야에서 독보적인 연구 성과를 쌓았던 모 대학교수의 연구 결과가 단편적으로 해석되면서 사회적으로 엄청난 파장이 일어났고 본인의 의도와는 다르게 곡해되는 결과가 나타나기도 했다.

또 그동안 광우병 관련 서적들이 서점에 쏟아져 나오면서 풍부한 정보를 제공했지만 막상 대부분의 책들은 광우병에 대한 직접적이고 과학적인 정보 대신에 광우병과 연관된 공포를 더욱 확산시키는 역할을 했다. 이러한 문제는 영국이나 미국에서 광우병 문제를 진지한 사회과학적인 문제로 접근하기보다는 좀더 저널리스틱하고 선정적인 문제를 부각시키는 데 열중한 경향과 관련 있다고 볼 수 있다. 이 책은 이제 광우병 문제에 좀더 신중하고 근본적으로 다가가기 위해서는 광우병의 기원과 과학자들의 연구 성과를 차근차근 알아봄으로써 앞으로 진지한 보건 정책과 과학연구 지원으로 이어지도록 해야 한다는 바람에서 쓰였다. 사실 이 책을 쓴 근본적인 목적은 과학자들이 지금까지 광우병이라는 이 복잡하고 미스터리한 질병을 이해하기 위해 얼마나 많은 노력을 기울였는지를 보여주기 위한 것이다. 즉 일종의 과학자들의 투쟁의 역사를 쓰기 위한 것이었다. 그리고 과학자들이 연구하는 질병의 개념이 사회적인 변동과 함께 변화하고 바뀌어가는 모습을 보이기 위해 이 책을 썼다.

이 책은 질병과 의학에 관심이 있는 일반 독자를 위한 것이다. 하지만 복잡한 질병과 이에 대한 연구 과정을 소개하기 위해서는 전문적이고 복잡한 실험실 연구 내용을 다룰 수밖에 없었다. 누구나 쉽게 읽을 수 있는 글을 쓰기 위해 노력했지만 이런 시도가 성공적이었는지 판단하는 것은 모두 독자들의 몫일 것이다.

이 책은 동물에게서 발생하는 질병과 사람의 건강을 위협하는 질병을 촘촘하게 연결한 질병의 역사이기도 하면서 질병의 근본적인 성격과 치료법을 알아내기 위한 과학자들의 활동을 다룬 과학의 역사이기도 하다. 게다가 당시 사회적인 변동 상황과 정책이 과학자들의 활동에 어떠한 영향을 미쳤는지를 살펴보는 사회학적인 분석이기도 하다. 하지만 독자들이 글을 읽는 과정에서 방해가 되지 않도록 각주와 참고문헌은 모두 분리하여 미주로 처리했다.

그동안 이 책을 준비하면서 한 권의 책이 단순히 한 사람의 노력으로만 이루어지지 않는다는 사실을 알게 되었다. 특히 이 책에 시간을 할애하는 것은 필자에겐 매우 큰일이었다. 많은 분들의 도움 없이는 이 책을 끝맺을 수 없었을 것이다. 우선 학문의 길에 들어서도록 항상 격려를 해주신 김경만 선생님과 박상태 선생님께 감사드린다. 사실 이곳 영국에서 지난 10년 동안 연구 활동을 하면서 한국에서 활동하는 선생님들의 지적 자극과 격려가 없었다면 지구의 반대편에서 매일 똑같은 일상을 반복했을지 모른다. 지금도 왕성한 활동을 하고 있는 과학기술학 분야의 김환석 선생님, 이영희 선생님, 홍성욱 선생님들의 격려에 감사드린다. 그리고 에든버러 대학 과학학연구소의 데이비드 블루어와 스티브 스터디 선생님, 런던 대학 웰컴트러스트의사학연구소의 로저 쿠터와 헬가 자칭거 교수, 엑시터 대학의 배리 반스와 크리스틴 하우스켈러, 임페리얼 칼리지 과학사 연구소의 애비게일 우즈와 호주 시드니 대학의 워릭 앤더슨 교수 그리고 하버드에서 전화와 이메일을 통해 조언을 해준 김상현 박사에게도 감사를 드린다. 그리고 현재 임페리얼 칼리지 화학공학과에서 과학자들과 함께 생활하면서 연구를 할 수 있도록 해준 알렉산더 비스마르크에게도 감사의 뜻을 전하고 싶다. 이 책을 출간하기 위해 지난 2년 동안 기획에서 편집까지 수고를 아끼지 않은 해나무의 허영수 팀장에게 감사의 뜻을 전한다. 그리고 부모님과 동생, 장인어른과 장모님의 격려와 지원에 감사의 말씀을 전하고 싶다. 이 책을 쓰는 과정에서 항상 격려와 함께 날카로운 지적과 비판을 해준 아내 김종미에게 고맙다는 말을 전하고 싶다.

임페리얼 칼리지에서 김기흥

차 례

들 어 가 며

광우병이라는 이름의 공포

지난 2008년 한국은 광우병이라는 유령의 공포에 휩싸였다. 미국산 쇠고기에 대한 시장 개방으로 시작된 광우병이라는 유령 때문에 사람들은 잠을 설쳤고 이 유령을 퇴치하기 위해 촛불을 들고 거리로 나섰다. 정부가 거듭해서 미국산 쇠고기가 안전하다고 주장했음에도 불구하고 촛불은 거리를 가득 메웠고, 전경의 방패와 소화기, 물대포 뒤에 숨어 이 촛불을 끄려는 공권력은 이 유령의 배회를 더욱 부채질했다. 알려지지 않은 잠재된 공포는 더욱더 극대화되었다. 과학자들을 비롯해 정부 당국자들, 사회학자들은 명확한 해결책을 제시하기는커녕 사람들을 혼란스럽게 했고 유령의 배회로 인한 공포는 더욱 확대 재생산되어 사람들을 짓눌렀다. 더욱이 정확한 치료법이나 진단법이 없는 이 질병에 대해 과학은 무력하기만 한 것처럼 보였다.

2008년 우리를 혼란과 분노로 휩싸이게 한 이 유령을 퇴치하기 위해서 이제 우리는 가쁜 숨을 고르고 다시 한 번 해법을 찾아야 한다. 도대체 무엇이 우리를 촛불을 들고 거리로 나서게 했는가?

광우병이라는 유령은 단순한 단백질 덩어리라고 보기에는 너무나 복합적인 사회적 질병이다. 지난 30년 동안 광우병은 두 명의 노벨상 수상자를 배출해냈지만, 이런 전 세계 과학자들의 노력에도 불구하고 광우병의 불확실성은 제거되기는커녕 오히려 더욱 커져가고 있다. 과학의 권위에 매달려 해답과 실마리를 찾으려는 정부나 시민들은 점점 더 커져가는 광우병의 공포에 시달리고 있다. 실상 현재 학계에서 정설로 받아들여지고 있는 감염성 단백질인 프리온 이론도 이 질병을 완벽하게 설명하지 못하는 약점이 많은 이론으로 간주되고 있다.

한국에서 촛불시위가 한창이던 2008년 6월, 필자는 이 프리온Prion 이론을 처음으로 제안해 1997년 노벨상을 받은 스탠리 프루지너Stanley Prusiner 교수를 만날 수 있었다. 그도 자신의 이론이 아직도 완전한 이론이 아닌 최선의 이론이라는 점을 강조했다. 그리고 질병을 일으키는 병원체의 속성을 밝히려는 연구보다는 이 질병을 치료할 수 있는 치료법을 개발하는 데 좀더 많은 노력과 투자를 해야 한다고 주장했다.

게다가 이 분야의 과학자들은 모두 인간광우병, 특히 광우병에 오염된 쇠고기를 섭취하여 발생하는 변종 크로이츠펠트야코프병vCJD이 발생할 가능성은 매우 낮지만(참고로 영국에서는 지금까지 166명의 젊은이들이 변종 크로이츠펠트야코프병에 걸려 사망했다)

그 사회적 파장과 공포의 확대에서 비롯된 사회적 비용은 다른 어느 질병보다 크다는 사실에 동의하고 있다. 즉 광우병은 그 발생 가능성이 낮은 희귀병이다. 하지만 이것은 단지 의학적인 정의일 뿐 그 사회적 비용과 파장을 고려하면 광우병은 단순한 중추신경 퇴행성 질환이 아닌 사회의 근간을 뒤흔드는 '사회적인 질병'이다.

사회적 질병으로서 광우병이 얼마나 큰 파장과 파괴력을 지니는지는 이미 1980년대 후반부터 1990년대에 걸쳐 이 질병이 발생한 영국의 경험에서 쉽게 확인할 수 있다. 지난해 수많은 사람들이 거리로 나와 촛불을 들고 적절한 규제 장치가 없는 미국산 쇠고기 수입에 반대하는 입장을 분명히 했음에도 정부는 이 파괴적이고 사회적 질병인 광우병-인간광우병을 겪은 영국의 경험에 전혀 귀를 기울이고 있지 않는 듯하다. 광우병이라는 역사적 경험은 영국인들에게는 깊은 마음의 상처이기도 하다. 광우병에 대한 영국 정부의 대처 방식과 해결 방식은 우리에게 시사하는 바가 크다.

이른바 감염성 해면상뇌증Transmissible Spongiform Encephalopathy, TSE 또는 프리온 질환이라고 알려진 일군의 질환은 일종의 퇴행성 신경질환의 하나로 알려지고 있다. 쉽게 말하면 나이가 든 노인들에게 나타나는 치매가 가장 대표적인 퇴행성 신경질환으로 볼 수 있지만, 감염성 해면상뇌증은 그 증상의 정도나 결과가 치명적이고 좀더 젊은 사람들에게 나타나며 빠르게 진행되는 감염성 질환이다. 퇴행성 신경질환 중에서 가장 치명적인 질환으로 손꼽힌다. 이 질병은 사람에게서 발생하는 쿠루kuru, 크로이츠펠트야코프병Creutzfeldt-Jakob disease, CJD, 게르스트만 슈트로이슬러 샤잉커병Gerstmann-Sträussler-Scheinker disease, GSS 그리고 치명적 유전형 불면증Fatal Familial Insomnia, FFI이 있으며, 동물에게서 나타나는 양이나 염소의 치명적 질병인 스크래피Scrapie와 밍크에게서 발병하는 전염성 밍크 뇌병증Transmissible Mink Encephalopathy, TME과 북미 지역의 사슴에게서 발생하는 만성 소모성 질환Chronic Wasting Disease, CWD 그리고 소에게서 발생하는 광우병이라는 이름으로 유명한 우해면상뇌증Bovine Spongiform Encephalopathy, BSE이 있다.

이들 질병이 관심을 끌게 된 이유는 물론 영국과 유럽을 공포의 도가니로 몰아넣은 광우병의 확산 때문이다. 이 질환들은 몇 가지 특이한 성격 때문에 오래전부터 과학자들 사이에서는 풀리지 않는 '신비한 질병' 또는 '골칫거리 신경질환'으로 여겨졌다. 첫째, 이 질병들은 다른 전염성 질병에 비해 잠복기가 매우 길다. 보통 바이러스성 질환은 일단 감염되면 증상이 나타나기까지 며칠에서 길게는 몇 달이 걸리곤 하는데 이 질병은 특이하게도 수개월에서 수십 년이 걸리는 것으로 알려져 있다. 둘째, 이 질병들은 특이하게 뇌에 큰 손상을 일으키는 질병이다. 감염성 해면상뇌증이라는 어려운 한자로 된 이름이나 TSE라는 영어 이름에서 알 수 있듯이, 이 질병은 뇌의 세포를 스펀지처럼 변하게 하는海綿狀, spongiform 뇌질환腦症, encephalopathy으로 이 질병에 걸린 환자의 뇌를 해부하면 의학 용어로 특이한 공포현상vacuolation, 즉 뇌에 구멍이 뚫리는 현상이 중추신경계에 나타난다. 셋째, 전염성 질환으로 알려진 이들 질병은 다른 감염성 질환과 달리 염증이나 면역반응을 전혀 일으키지 않고 증세가 나타난다. 다시 말하면 우리 신체의 방어체계인 면역체계에 몰래 숨어들어와 우리의 중심부인 뇌를 공격하는 질병인 것이다. 그리고 마지막으로 이 질병들은 거의 250년 전에 그 존재가 알려졌지만, 치료법이나 감염 여부를 알아낼 수 있는 검사법이 전무하다. 또 일단 이 질병에 걸리면 100퍼센트 사망하는 치명적인 질환이다. 하지만 다행히도 이들 질병은 인간에게서는 매우 희귀하고 드물게 나타난다. 특히 유전적인 돌연변이로 인해 발생하는 것으로 알려진 산발성 크로이츠펠트야코프병은 전 세계적으로 100만 명 중 한 명꼴로 발생하는 질병으로 알려지고 있다. 이러한 이유로 지난 수십 년 동안 이 질병은 많은 의학자들과 과학자들의 관심을 받지 못하고 소수의 연구자들만이 관심을 가진 질병이었다. 이 질병이 일반인들의 관심을 끌게 된 것은 1980년대 영국에서 광우병과 인간광우병으로 알려진 변종 크로이츠펠트야코프병의 확산으로 100명이 넘는 젊은이들이 죽어가면서부터다.

광우병으로 대중들에게 잘 알려진 이 질병은 자연적인 질병이라기보다는 인간이 만들어낸 일종의 사회적 질병이다. 물론 유전자의 돌연변이 현상과 같은 자연적인 현상이 원인이 될 수 있지만 광우병과 인간광우병은 사회적 구조의 문제, 정부 정책의 문제, 그리고 상업화와 집약적 농업방식이라는 인간이 만들어낸 제도에 기반하여 확산된 질병이다. 지난 수십 년 동안 과학자들은 이 질병의 원인과 성격을 알아내려고 끊임없이 연구했지만 아직도 우리에게 알려진 것은 거의 없다. 특히 연구를 진행하면 진행할수록 질병을 일으키는 병원체의 성격에 대한 불확실성은 더욱 높아져 과학자들 사이에서는 미스터리 질병으로 알려졌고 치료법과 진단 방법이 없어 한 번 걸리면 치유가 불가능한 공포의 질병이 되었다. 게다가 광우병의 확산으로 전 영국과 유럽이 공포의 도가니에 빠지면서 이 질병은 '20세기의 흑사병' 또는 '신의 저주'라는 식으로 알려져 공포가 줄어들기는커녕 오히려 확산되고 심화되었다. 지난 2008년 한국을 강타한 광우병 논란은 이러한 사회적인 공포 현상의 대표적인 예라고 할 수 있을 것이다.

1장

양들의 침묵

스크래피

보통 양들은 평화롭고 조용하게 아무것에도 관심을 기울이지 않고 넓은 초원에서 풀을 뜯는 동물이다. 하지만 1770년대 영국의 지주들과 목동들 그리고 농부들은 자신들이 키우는 양들에게서 무엇인가 문제가 발생하고 있다는 사실을 깨닫기 시작했다. 그처럼 조용하고 평온한 동물들이 조그만 소리에도 예민하게 굴고 공격적으로 변했으며 자신이 속한 무리에서 떨어져 균형을 잃고 쓰러지기 시작했다.

양들의 침묵

보통 양들은 평화롭고 조용하게 아무것에도 관심을 기울이지 않고 넓은 초원에서 풀을 뜯는 동물이다. 하지만 1770년대 영국의 지주들과 목동들 그리고 농부들은 자신들이 키우는 양들에게서 무엇인가 문제가 발생하고 있다는 사실을 깨닫기 시작했다. 그처럼 조용하고 평온한 동물들이 조그만 소리에도 예민하게 굴고 공격적으로 변했으며 자신이 속한 무리에서 떨어져 균형을 잃고 쓰러지기 시작했다. 농부들이 가장 우려한 것은 양이 자신의 몸을 기둥이나 벽에 대고 긁어서 결국 양에게서 가장 경제성 있는 부분인 양털이 모두 떨어져나가는 현상이었다.

18세기 당시 영국에서 양은 매우 중요한 경제적 자원 중 하나였다. 양은 사람들에게 고기를 공급하고 경제의 근간이 되는 양모를 제공했다. 이처럼 중요한 자원인 양들이 어느 날 갑자기 아무 이유 없이 쓰러져 죽어갔지만 농부들과 지주들은 속수무책일 뿐이었다. 그들은 이 질병이 도대체 어디에서 기원했는지, 어떻게 전파되는지, 전염병인지 유전병인지, 어떻게 치료해야 하는지 아무런 실마리를 찾지 못했다.

영국 문헌에서 이 의문의 질병에 대한 기록이 처음으로 나타나는 것은 1750년대 링컨셔Lincolnshire 주 농부들의 탄원서이다. 의회로 보내진 이 탄원서에서 양을 판매하는 중간업자들이 건강한 양에 '이상한' 병에 걸린 양을 끼워 팔아 결국 양들 전체가 병에 걸려 손해를 보았다는 주장이 발견된다.[1] 이로 인해 링컨셔 주 전체에 이 질병이 퍼져 큰 손해를 입었다는 주장이었다.

또한 잉글랜드 남부의 헌팅턴셔에 살고 있던 성직자 토머스 코머Thomas Comber는 이 새로운 질병을 자세하게 묘사하고 있다. 남달리 농업에 관심이 많았던 그는 당시 쓰인 많은 농업 관련 서적들을 탐독하면서 농업방식과 가축에 발생하는 질병을 연구했다. 또한 주변 농지를 돌아다니면서 일어나는 일들을 관찰하고 기록하는 일에 많은 노력을 기울였다. 그는 1772년 요크York에 살고 있던 의사 알렉산더 헌터Alexander Hunter에게 편지를 보내 이 새로운 질병을 양 구루병Rickets이라 부르면서 이미 40년 동안 링컨셔 지역을 휩쓸고 있다고 적었다. 그는 "이 병에 걸린 양들은 공격적으로 변하며 갑자기 훌쩍 뛰어다니고 양치기 개들을 멀리 피해 다닌다. 두 번째 단계에 이르면 양은 나무나 기둥에 자신의 몸을 긁어대기 시작한다. 이 양들은 너무 강하게 긁어서 결국 양털과 살점이 떨어져나간다. 다음 단계에 이르면 이 불쌍한 양은 바보처럼 변하고 다른 양 떼들에게서 떨어져 잘 걷지도 못하다가 누워 있게 되며 먹지도 못한다. 그러다 죽는다"고 적고 있다.[2] 결국 이 미지의 질병은 1730년을 전후로 영국 동부 링컨셔와 요크셔 지역에서 확산되기 시작했다고 볼 수 있다.

1730년대에 링컨셔에서 시작된 이 질병은 다른 남부 지역으로 확산되어 1770년대에 이르면 '몸을 떠는 병shakings'[3] 또는 눈에 이상이 생겨 튀어나오듯이 동공이 커지는 현상으로 인해 '고글Goggles'이란 이름으로 불린다.[4] 1810년대까지 이 질병은 잉글랜드 남부의 거의 모든 지역에 확산되면서 몸을 기둥이나 나무에 비벼댄다는 뜻의 '러버스Rubbers'라는 이름으로 불린다. 이후 19세기에 이 질병은 점차 사라지는 듯하다가 1853년에 스코틀랜드와 잉글랜드 사이의 국경 지대까지 확산되는데, 그 지역 농부들은 이 병에 걸린 양들이 몸을 긁어대는 모습을 '스크래치scratch' 또는 '스크래피scrapie'라고 부르게 된다.[5]

물론 1730년대에 시작된 양 구루병이나 몸을 떠는 병이 현대적인 의미의 스크래피인지는 확인할 수 없다. 하지만 그 증상이나 기록으로 미루어 많은 학자들은 다양한 이름의 질병을 모두 스크래피로 보고 있다. 18세기에서 19세기까지 약 200년 동안 이 질병은 영국의 목양 산업에 큰 타격을 주면서 확산되었음에도 학자들이나 저술가들은 이 질병이 도대체 어떤 종류의 병인지, 그 원인이 무엇인지 알아내지 못하고 있었다. 그리고 양들은 조용히 침묵을 지키며 죽어갔다.

스크래피, 스페인 왕실의 음모?

그렇다면 당시 사람들은 도대체 이해할 수 없는 이 질병의 원인에 대해 어떻게 생각하고 있었을까? 물론 그 원인에 대한 가설들이 오늘날과 같은 과학적인 진단법이나 병리학적인 연구 과정을 통해 세워진 것은 아니었다. 단순히 농부들의 보고와 관찰에 의거한 것이 대부분이었다. 이 때문에 그 가설들은 토지를 소유한 귀족들인 젠트리Gentry와 일반 농민들이 스크래피 또는 스크래피와 유사한 질병에 대해 어떻게 생각하고 있는지를 잘 반영하고 있다고 볼 수 있다.

그렇다면 이들 양에게서 발생한 새로운 질병은 과연 1725년을 전후로 갑자기 나타난 질병일까, 아니면 우연히 당시 사람들에게 주목을 받게 된 것일까? 이 문제를 풀 실마리는 18세기 전후에 영국을 비롯해 전 유럽을 휩쓴 새로운 운동에서 찾을 수 있다.

18세기는 이른바 '계몽의 시대'이다. 프랑스혁명과 미국독립전쟁을 거치면서 많은 지식인들은 과학적인 진보를 통해 인간이 자연을 통제할 수 있다고 믿기 시작했다.[6] 특히 농업 분야와 가축사육 분야는 계몽주의자들에게 매우 중요한 분야였다. 농업 생산력 증가는 결국 계몽주의자들이 지향하는 사회, 곧 이성이 지배하는 사회의 토대였기 때문이다. 이와 더불어 한 가지 물리적인 이유로는 16세기와 17세기에 나타난 이른바 '소빙하기little ice-age'가 끝나면서 농업 생산량이 증가한 것을 들 수 있다.[7] 온도의 상승과 더불어 작물의 생산량이 증가하면서 농업 분야는 더욱 빠르게 발전했다.

이러한 맥락에서 많은 지식인들과 지주들이 농업과 목축 분야에 관심을 기울인 것은 이상한 일이 아니었다. 그 결과 농업 분야와 관련된 학회와 아카데미가 생겼으며 당시 지주들과 지식인들은 농업 생산성을 끌어올릴 방안을 찾기 위해 노력하기 시작했다. 영국에서 특히 경제적으로 주목받은 분야는 목양 분야였다. 양에서 생산되는 양모는 당시 엄청난 경제적 가치를 창출할 뿐 아니라 양고기는 당시 증가하던 노동자 계급을 먹일 수 있는 가장 좋은 음식이었다. 양질의 고기와 좀더 많은 경제적인 가치를 창출할 수 있는 양모를 생산하기 위해 당시 농학자들은 여러 가지 방법을 사용하였다.

이러한 방법 중에 당시 가장 성공한 것 중 하나가 양의 품종개량이었다. 당시 가장 각광받은 방법은 동종 번식in-breeding이었다. 특히 다른 유럽 품종들보다 경제적 가치가 낮았던 영국의 토종 양을 개량하는 데 앞장선 사람은 로버트 베이크웰Robert Bakewell이었다. 그는 뼈가 굵고 너무 마른 당시의 양이 경제성과 생산성이 떨어진다는 사실을 알고 이 문제를 해결하기 위해 자신이 기르던 양 중에서 머리가 작고 짧은 다리에 풍만한 몸집의 양들을 모아 동종 교배를 시키기 시작했다. 즉 자연선택에 의한 진화가 아니라 인간이 그 과정에 간섭하여 품종을 개량하는 방법이었다. 때로는 이 동종 번식 과정에서 어떤 양을 그 새끼나 그 새끼가 낳은 새끼와 교배하는 품종개량을 시도했다. 이러한 방법을 사용하여 개발된 새로운 품종은 기존 레스터Leicester종에서 발전해 그가 살던 지역의 이름을 붙여 디실리 레스터Dishley Leicester종으로 불렸다. 1710년대 양의 평균 무게는 28파운드였지만 베이크웰의 동종 번식 방법을 사용한 이후 평균 무게는 80파운드로 증가했다.[8]

베이크웰이 발전시킨 품종개량이 주로 양의 몸집을 크게 만들고 좀더 많은 고기를 생산하는 데 초점을 맞추었다면, 당시 지식인들은 어떻게 하면 스페인의 메리노Merino에 대적할 품종을 만들어낼 수 있을지에 관심을 쏟았다. 유럽에서 최상품 양모를 생산한 메리노

베이크웰이 개량한 디실리 레스터와 비슷한 품종인 보더 레스터Border Leicester종

양은 스페인 왕실의 특별 명령 없이는 절대로 외부로 유출할 수 없었던 스페인 국부 창출의 최대 자원이기도 했다. 메리노 양은 다른 유럽 품종들과는 달리 양모가 길고 부드러워 유럽 내에서 최고의 품질을 자랑하고 있었다. 이로 인해 유럽의 각국 왕실은 메리노 양을 도입하기 위해 노력하고 있었다.

하지만 영국과 스페인은 당시 서로 용서할 수 없는 적국이자 경쟁 국가였다. 영국과 스페인의 관계는 이미 헨리 8세 시기부터 악화되어 엘리자베스 1세 여왕 때는 세계 최강의 스페인 무적함대가 잉글랜드에게 참패하는 수모를 당하였다. 이러한 상황에서 스페인의 가장 중요한 경제적 자원인 메리노 양은 다른 국가에 빼앗길 수 없는 귀중한 보물이나 다름없었다. 수세기 동안 스페인 정부는 메리노 사육을 위해 특별 지역을 지정하여 그곳에서 왕실이 위임한 목부들이 관리하도록 했으며 그 숫자는 500만 마리에 이르렀다. 하지만 스페인의 국력이 약해지면서 메리노에 대한 강력한 규제가 서서히 완

메리노 양의 모습
보더 레스터종보다 훨씬 털이 많고 몸집도 크다.

화되기 시작했고 유럽의 많은 국가들은 메리노를 밀수하여 도입하기도 했다. 메리노 양의 유입 역사는 중세까지 올라간다. 『세인트 알반 연대기*St Albans Chronicles*』에 따르면 1274년에 스페인 왕이 잉글랜드에 1200마리의 메리노 양을 선물했다는 기록이 있다.[9] 여러 가지 경로를 거쳐 수입된 메리노는 영국의 자연환경에서 잘 견디지 못하는 것처럼 보였다. 왕실의 목초지에서 기르던 많은 메리노 양이 죽었으며 이 과정에서 살아남은 양을 선택하여 동종 번식 방법으로 메리노 양의 숫자를 유지하기 시작했다. 왕은 영국의 메리노 양을 특별히 35명의 귀족들에게 하사해 이들의 영지에서 키울 수 있도록 했으며 이후 1800년대 초까지 메리노 양의 숫자는 영국에서 급증하기 시작했다.

새롭고 좀더 경제적인 품종인 메리노를 도입하면 기존의 양들에게서 발생하던 스크래피 질환을 막을 수 있을 것이라고 믿었다. 하지만 이러한 희망은 그저 희망에 불과했다. 메리노 품종의 양도 스크래피에 걸려 죽기 시작했다. 이미 스페인에서도 스크래피와 유사한 질병이 오랫동안 존재해왔으며 치료법이 없기 때문에 이 질병이 발생하는 즉시 목부들은 양들을 바로 살처분한다는 사실이 알려졌다. 이로 인해 영국에서 발생하고 있는 스크래피, 특히 메리노에서 발생하는 스크래피는 스페인 왕실이 영국의 목양 산업을 방해하기 위해 병든 메리노를 영국으로 보냈기 때문이라는 의심이 확산되기 시작했으며 이러한 주장은 대중들에게 퍼져나갔다. 당시 농업 과 관련해 많은 글을 남긴 아서 영Arthur Young은 자신의 글에서 스크래피는 스페인에서 들여온 메리노에서 가장 많이 나타난다고 주장하였다.[10] 당시 스페인 왕실의 규제 완화로 메리노 양이 프랑스와 프러시아, 실레지아로 수출되면서 이와 동시에 유럽 전역에 스크래피가 확산되었기 때문이다.

유럽에 확산된 스크래피

1750년대에 스크래피로 의심되는 질환이 확산된 것은 단지 영국에서만 일어난 사건이 아니었다. 이와 유사한 질병이 유럽 대륙에서도 확산되고 있었으며 당시 유럽 국가에서도 큰 문제가 되고 있었다. 1750년대 독일에서 발생한 스크래피 유사 질환은 '잰걸음병Traberkrankheit'이라고 알려져 있었다. 이 질환에 대해 레오폴트Leopold는 1759년 그의 저작에서 이 질환이 주로 스페인에서 수입된 메리노 양에게서 발생한다고 적고 있다.[11] 또한 슈툼프Stumpf는 스페인에서 오랜 기간 독일 지역으로 이동해온 메리노 양에서 치명적이고 치료 불가능한 질환인 '제자리를 돌거나 잰걸음 질병das Drehen oder Traben'이라고 불리는 병이 확산되고 있다고 1785년에 보고했다.[12] 한 가지 특이한 점은 영국에서 확산되고 있던 스크래피와 유사한 질환들은 대부분 영국 토착종에게서 일어나고 있었지만 독일에서 스크래피로 생각되는 질병들은 대부분 스페인에서 들여온 작센공국과 동부 독일 지역의 메리노 양에게서 발생하고 있었다. 이 질병은 작센 지역과 프러시아, 실레지아 그리고 모라비아로 확산되고 있었다.[13]

프랑스에서도 스크래피로 의심되는 질병이 주로 메리노 양의 유입과 관련된 것처럼 묘사하고 있다. 1788년 라머빌Lamerville은 메리노 종에서 '현기증La vertige'이 확산되고 있으며 주로 왕이 보유하고 있던 메리노 양한테서 주로 발생했다고 주장했다. 여기서 언급한 메리노 양은 1786년 스페인의 왕인 카를로스 3세가 프랑스 국왕인 루이 16세에게 선물로 보낸 양 318마리로, 메리노 양의 경제성에 관심을 갖고 있던 프랑스에게는 훌륭한 선물이었다. 당시 설립된 최초의 수의학 대학은 스페인에서 수입한 양의 품종을 확대하기 위해 동종 교배를 통해 품종개량을 시도했지만 1786년에서 1810년 사이에 스크래피로 의심되는 질병이 확산되면서 완전히 실패하게 된다.[14] 이후 프랑스에서 스크래피로 의심되는 질병이 프랑스 전역에서 계속 발생했고 심각한 경제적인 위협으로 작용했다. 이 질병은

1950년대까지 계속 발생했다.

그렇다면 독일과 프랑스 외에 다른 유럽 국가에서도 스크래피와 유사한 질병이 발생했었을까? 문제가 된 메리노 양의 고향인 스페인에서, 스크래피로 의심되는 질병이 발생했다는 기록은 1785년 독일의 슈툼프가 기록한 자료에서 나타난다. 그는 독일에서 일어난 스크래피를 묘사한 것과 동일하게 스페인에서 발생한 질병을 '제자리를 돌거나 잰걸음 질병'으로 부르거나 프랑스에서 부르던 '현기증'으로 부르고 있다.[15] 또한 영국 학자인 윌리엄 유아트William Youatt는 스페인에서 1812년경에 발생한 심각한 피부염Scab에 대해 기록하면서 이것이 스코틀랜드에서 발생하고 있는 스크래피와 유사하다고 지적하고 있다.[16] 또한 이와 같은 질병이 중부 유럽인 헝가리에서도 19세기에 발생한 것으로 기록되어 있다. 1843년 양을 교배하는 방법을 기록한 부분에 스크래피와 증상이 일치하는 질병에 대한 묘사가 남겨져 있다.

이와 같은 기록을 종합해보면 소빙하기가 끝나고 양의 품종을 개량하기 위한 동종 교배 방법이 개발된 18세기부터 본격적으로 스크래피로 의심되는 질병이 스페인과 영국, 프랑스와 독일에서 발생한 것을 알 수 있다. 한 가지 특이한 점은 많은 학자들이 이 질병이 스페인에서 수입된 메리노 양의 문제로 국한시키는 경향이 있지만 질병의 발생은 모두 동종 교배법이 퍼져나가면서 시작됐다는 점이다. 영국에서 스크래피는 메리노뿐 아니라 품종개량의 대상이 된 토종 양에게서도 일어났으며 프랑스에서 왕의 허가를 받은 품종개량 시도가 스크래피 발생이라는 결과로 이어졌다. 실제로 메리노 종의 고향이라고 할 수 있는 스페인에서도 스크래피 발생은 메리노 종에 대한 동종 교배 품종개량 시도와 관련이 있다.

그렇다면 유럽 외에 다른 지역에서 스크래피가 발생한 기록이나 역사적인 흔적은 없는가? 한 가지 흥미로운 주장에 따르면 스크래피로 의심되는 질병이 이미 고대 중국에서 발생했을 가능성이 높다. 이 주장은 적어도 2000년 이상의 역사를 가진 한자에서 그 실마리를 찾을 수 있다. 피부의 가려움증이나 소양증을 나타내는 한자인 소양증瘙痒症의 '종기 소瘙'는 병을 나타내는 녁疒과 소을 나타내는 우又 그리고 벌레蟲로 이루어져 있다. 반면에 가려움을 나타내는 '양痒'은 질병疒을 나타내는 부분과 양羊을 나타내는 부분으로 이루어져 있다.

미국 국립보건연구원National institutes of Health의 스크래피 관련 연구자인 리드 위크너Reed Wickner는 이러한 한자의 구성으로 볼 때 이미 스크래피와 유사한 증상을 보이는 질병이 중국인에게 알려졌으며 피부질환을 앓는 양의 모습이 소양증을 나타내는 한자로 표현되었다고 주장했다.[17] 한자의 구성을 통해서 정말로 스크래피로 의심되는 질환이 고대 중국이나 동아시아 지역에서 발생했는지 여부는 확인할 수 없다. 그럼에도 스크래피가 자연적으로 발생했다면 동아시아나 중국 지역에서 스크래피가 발생했을 가능성은 충분히 있다.

수의학의 발전과 스크래피 연구

스크래피의 확산과 이에 대한 기록을 통해서 우리가 확인할 수 있는 것은 이 질병이 계몽주의의 산물이라는 점이다. 이 질병은 우연하게도 계몽주의가 확산된 시기에 기록되기 시작했으며, 계몽주의자들이 농업과 목축 산업에 많은 관심을 쏟음에 따라 목양과 관련된 질병도 연구 대상이 되었다. 18세기 영국에서는 목양 산업의 발전으로 전 영국 인구의 1/4이 목양과 연관되어 있었으며 19세기에 그 학제가 처음으로 정착되기 시작한 수의학에서도 스크래피는 가장 중요한 연구 대상 중 하나였다. 스크래피라는 이름이 양 구루병이나 몸을 떠는 병과 같은 이름을 제치고 질병 이름으로 사용된 것도 수의학자들이 이 질병에 본격적으로 관심을 쏟기 시작한 19세기 말과 20세기 초에 스코틀랜드와 잉글랜드 북부 지역 농부들이 이 질병을 스크래피라고 부른 데서 그 기원을 찾을 수 있다.

또한 19세기 프랑스와 독일의 미생물학자인 루이 파스퇴르Louis Pasteur와 로베르트 코흐Robert Koch가 이룬 과학적 성과는 스크래피 연구를 획기적으로 발전시켰다. 파스퇴르와 코흐의 연구 덕분에 인간은 현미경으로 질병을 일으키는 병균이나 미생물을 육안으로 볼 수 있게 되었다. 이러한 성과 덕분에 많은 연구자들은 스크래피에 걸린 양을 해부해보거나 현미경을 이용하여 정상적인 조직과 질병에 걸린 조직을 비교하는 연구를 수행할 수 있었다. 이미 1898년에 프랑스의 알포르 수의과대학Ecole Vegterinaire D'Alfort의 샤를 베스누아르

스크래피에 감염된 양의 모습

Charles Besnoir는 스크래피에 걸린 양의 조직을 검사하면서 신경조직에서 비정상적인 형태를 발견했으며 척추의 일부 신경에서 구멍이 난 것처럼 보이는 액포vacuole를 발견했다.[18] 20세기 초에 영국의 수의학을 정착시킨 존 맥패디언John MacFadyean은 그의 제자이자 런던 수의학대학London Veterinary School의 학장을 지낸 스튜어트 스토크먼Stewart Stockman과 함께 스크래피가 다른 질병들보다 잠복기가 매우 길다고 주장했다.[19]

영국에서 스크래피에 대한 연구는 연구소 두 곳이 설립되면서부터 본격적으로 이루어지기 시작한다. 1921년 스코틀랜드의 지주들과 농부들은 농업 분야의 질병을 연구하기 위해 사재를 털어 동물질병연구연합Animal Disease Research Association을 설립했으며, 1926년에 스코틀랜드의 에든버러에 모어던연구소Moredun Research Institute를 설립하여 스크래피를 비롯한 다양한 가축 질병을 본격적으로 연구하기 시작했다. 이 연구소는 이후 세계 최초로 복제양 돌리를 만들어 낸 로슬린연구소의 모체가 되는 연구기관이기도 하다. 또한 1937년에 영국 정부 산하의 농업연구위원회Agriculture Research Council는 가축 질병을 전문적으로 연구하기 위해 잉글랜드에 동물질병연구소Institute for Research on Animal Disease를 설립한다. 이 두 연구소는 이후 스크래피와 광우병 연구에서 가장 중요한 역할을 한다.

스크래피는 전염되는가?

한편 프랑스의 툴루즈Toulouse 대학 연구자들인 장 키유Jean Cuille와 폴루이 셸Paul-Louis Chelle은 스크래피에 걸린 양의 뇌를 건강한 양에게 주사하였다. 그리고 얼마 후에 건강한 양들이 스크래피에 걸린 사실을 발견했다. 이들의 연구는 스크래피가 유전적 결함에 의한 질환이 아니라 감염이 가능한 질병이라는 사실을 처음으로 보여주었다. 1936년에 이루어진 이 실험은 많은 과학자들에게 경종을 울린 것이었다. 그동안 많은 학자들은 이 질병이 단순히 유전적 결함에 의해 발생하는 유전병이나 기생충에 의해 감염되는 질병으로 생각해왔지만, 이 실험은 스크래피가 건강한 양에게 전염될 수 있다는 사실을 보여주었다.[20]

또한 스코틀랜드의 모어던연구소에서 일어난 사고는 이 질병의 전염성이 얼마나 치명적인지 보여주었다. 우연한 사고에서 비롯된 이 연구는 예상치 못한 곳에서 스크래피의 확산 과정과 잠복기를 알 수 있게 해주었다. 1935년에 모어던연구소의 수의사인 윌리엄 고든William Gordon은 당시 이 지역 양에게 확산되고 있었던 급성 뇌염의 일종인 도약병louping ill을 예방하기 위해 백신을 개발했다. 이 백신은 도약병에 걸린 양의 뇌에서 추출한 물질을 희석하여 만든 것으로 고든은 이것을 건강한 양들에게 주사하였다. 처음에 이 백신은 효과가 있어 보였으며 성공적인 것처럼 보였다. 하지만 3년 뒤에 이 백신을 접종받은 양들이 스크래피에 걸리기 시작했다. 당시 모어던의 연구자들은 왜 양들이 스크래피에 걸렸는지 그 원인을 알 수 없었는데 집중적인 조사 결과, 도약병 백신 제조 과정에 사용된 뇌조직에 스크래피에 걸린 양의 조직이 섞였다는 사실을 알아냈다.

이후 고든은 본격적으로 스크래피의 감염성과 잠복기를 알아보기 위해 다시 788마리의 양에게 스크래피에 걸린 양의 조직을 주사했다. 결과는 충격적이었다. 스크래피 감염 물질을 접종받은 788마리의 양들이 모두 8개월에서 3년 사이에 스크래피 증상을 보이기 시작한 것이다. 그리고 각기 다른 품종의 양들은 저마다 다른 증상과 잠복기를 보였다. 잠복기는 8개월에서 3년으로 다양하게 나타났으며, 크게 두 가지 주요한 증상이 나타난다는 사실을 알아냈다. 일부는 동작이 둔해지고 꾸벅꾸벅 조는 증상을 보이다가 죽어갔으며 다른 양들은 나무나 벽에 몸을 비비거나 긁는 증상을 보이다가 죽었다. 이 연구는 비록 우연한 사고에서 시작되었지만 지금까지도 베일에 싸인 질병에 대한 대단위 실험의 기회가 되었다.[21]

하지만 제2차 세계대전의 발발로 스크래피를 비롯한 여러 가지 질병에 대한 연구는 거의 중단 상태에 놓이게 되었다. 생물학자들과 수의학자들은 대부분 전쟁과 관련된 분야로 파견되었으며 세계대전 이전에 설립된 연구소의 연구도 일단 중단되었다. 하지만 당시 연구소를 지키고 있었던 소수의 연구자들은 스크래피에 대한 연구를 중단하지 않고 자체적으로 연구를 지속했다. 그 대표적인 인물이 데이비드 윌슨David Wilson이다. 그는 모어던연구소를 지키면서 조용히 스크래피의 본질을 밝히기 위한 연구를 수행하였다. 1939년에서 1953년 사이에 그는 홀로 스크래피의 전염성과 본질에 관한 연구를 진행하며 놀라운 사실들을 발견해냈다.

세계대전 와중에 이루어진 그의 연구 성과는 대부분 거의 알려지지 않았지만 윌슨의 기본 연구는 이후 스크래피와 관련 있는 다른 질병 연구에 기초자료를 제공했고 이 수수께끼 같은 질병을 이해하는 데 엄청난 기여를 했다. 우선 그는 스크래피를 일으키는 병원체가 극히 작은 필터를 통과할 수 있는 매우 작은 크기의 병원체라는 사실을 알아냈다. 특히 병원체가 당시까지 알려진 가장 작은 박테리아보다도 크기가 작다는 사실을 발견했다.

그리고 윌슨은 생존 여부를 확인하기 위해 이 병원체를 높은 온도에 끓여보기도 하고 여러 가지 화학물 처리를 하기도 했다. 그 결과 스크래피는 높은 온도와 포르말린, 페놀과 같은 화학 처리에도 살아남는다는 사실을 발견했다. 보통 박테리아나 바이러스는 높은 온도에서 끓이거나 그리고 화학 처리를 하면 살아남지 못한다는 것이 일반적인 생각이었지만 스크래피 병원체는 이러한 일반적인 통념을 깨뜨렸다. 심지어 스크래피에 걸린 양의 뇌를 말려 2년 동안 보관한 후에 다시 이 뇌를 양에 주입했을 때도 건강한 양이 스크래피 증상을 보이는 놀라운 일이 벌어졌다. 더욱 놀라운 것은 이 병원체가 자외선에 노출시켜도 살아남았다는 점이다. 자외선은 바이러스와 박테리아와 같이 핵산DNA을 지닌 생명체를 죽이는 속성이 있지만 스크래피는 놀랍게도 자외선에도 견뎌낸 것이었다.

윌슨의 연구는 스크래피 병원체의 생화학적인 성격을 파악하는 데 결정적인 단초를 마련한 것으로 후대에 평가되지만, 당시에는 극히 소수의 동료들만 이 사실을 알고 있었을 뿐 과학 저널이나 다른 경로를 통해 발표되지 못했다. 하지만 1960년대 영국에서 스크래피 연구를 본격적으로 시작하면서 윌슨의 연구는 다시 알려졌고 후대 연구의 토대가 되었다.[22]

스크래피 연구의 기반 조건을 마련하는 데 가장 큰 기여를 한 것은 윌슨의 연구와 함께 1961년 처음으로 스크래피 병원체를 실험쥐에 전이시키는 데 성공한 리처드 챈들러Richard Chandler의 연구다. 잉글랜드 동물질병연구소의 연구원이었던 챈들러는 스크래피에 걸린 염소의 뇌조직을 처리하여 실험쥐의 뇌에 직접 주입함으로써 처음으로 실험쥐에서도 스크래피 증상이 나타나도록 하였다. 그의 연구는 단순한 연구로 보이지만 당시 많은 연구자들에게는 매우 중요한 의미가 있었다. 보통 양에게서 스크래피 증상이 나타나기까지는 짧게는 8개월에서 길게는 3년이라는 기간이 걸린다. 하지만 실험쥐에서는 보통 100일 정도 지나면 증상이 나타난다. 즉 실험쥐는 실험 연구의 기간을 단축할 수 있게 한 것이다. 이후 실험쥐는 장기간 수행하는 유전학적 연구에서 필수 조건이 되었다. 이처럼 챈들러의 연구는 이후 이루어질 연구에 큰 영향을 미쳤다.[23]

2장

크로이츠펠트와 야코프

우리의 몸은 외부의 병원체 등 보통 자신과 다른 물질이 침입했다고 판단하면 면역체계에 경고를 보내고, 면역체계는 곧바로 자신과 다른 외계물질을 찾아 공격한다. 크로이츠펠트가 환자의 뇌를 부검했을 때 면역체계의 반응이나 전쟁의 흔적은 찾아볼 수 없었다. 그러면서도 아군들이 몰살하는 사태가 발생한 것이다. 그렇다면 적은 누구인가? 몰래 암살자들이 성을 넘어 들어와 아군을 몰살하고 유유히 사라진 것인가? 이처럼 의학적으로 설명할 수 없는 상황이 연출된 것이다.

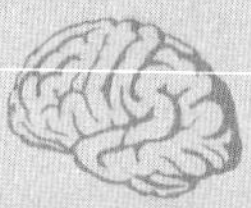

뇌, 의학연구의 최전선

과학과 의학의 발전으로 우리는 인간의 신체에 대해 많은 것을 알게 됐다. 특히 20세기 과학기술의 급속한 발전은 질병의 원인과 발생 과정을 이해하고 많은 생명을 구할 수 있도록 도와주었다. 그럼에도 의학연구의 최전선인 인간의 뇌는 아직 우리가 이해하지 못하는 부분이 많다. 이미 고대 그리스부터 뇌가 인간의 사고와 감정을 통제하는 기관이라고 생각해왔지만, 실제로 체계적이고 과학적으로 뇌 연구를 시작한 것은 현미경이 발달하고 해부학이 발전한 19세기부터다. 인간의 뇌는 진화의 역사에서 가장 복잡하게 구성된 단일 조직으로 약 80만 킬로미터 길이의 신경세포들이 서로 복잡하게 연결되어 있다.

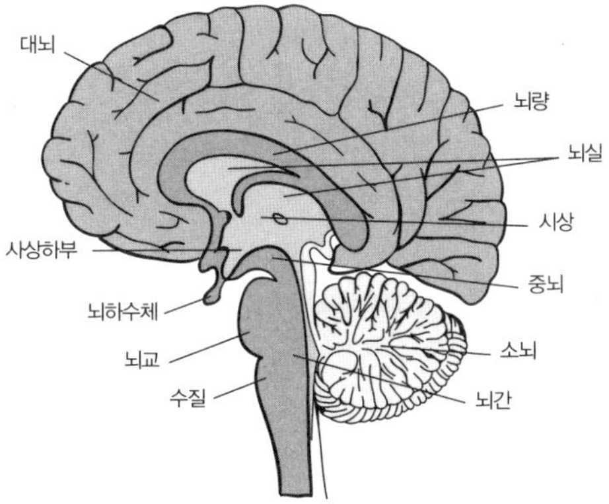

인간의 뇌구조

문제는 아직도 이 뇌에서 어떤 일이 벌어지고 있는지 우리가 잘 이해하지 못하고 있다는 사실이다. 따라서 뇌에서 문제가 발생하면, 단순하게 원인을 찾아내어 치료하는 방법을 간단히 사용할 수 없다는 문제가 있다. 복잡하고 소우주 같은 뇌의 어느 부분에서 문제가 발생했는지, 무엇이 문제를 일으키는지, 그리고 어떻게 문제를 해결해야 하는지가 모두 현재 인류에게는 어려운 숙제이기 때문이다. 특히 퇴행성 신경질환Neurodegenerative diseases에 대한 이해와 치료법은 거의 발전하지 않고 있다.

치매나 알츠하이머병Alzheimer's disease과 같은 질병이 대표적인 퇴행성 신경질환이다. 미국에서는 현재 500만 명이 알츠하이머병을 앓고 있으며 매년 36만 명의 새로운 환자가 발생하고 있다. 한 연구에 따르면 2050년까지 미국 사람들 중 1120만 명에서 1600만 명의 인구가 알츠하이머병에 걸릴 것으로 예측된다. 아직까지 알츠하이머병을 비롯한 다양한 퇴행성 신경질환을 치료할 방법은 개발되지 않고 있다. 현재 치매성 퇴행성 신경질환에는 알츠하이머병을 비롯하여 헌팅턴병과 파킨슨병과 같은 주요 뇌질환이 포함된다.

흔적 없는 암살자

1913년 독일 브레슬라우Breslau, 현재 폴란드 영토로 브로츠와프 Wrocław로 불린다에 위치한 병원에서 알츠하이머병을 발견한 신경학자인 알로이스 알츠

한스 게하르트 크로이츠펠트(1885~1964)

하이머Alois Alzheimer의 연구원 중 한 명이었던 한스 게하르트 크로이츠펠트Hans Gerhard Creutzfeldt는 23세 여성 환자인 베르타 엘슈커Bertha Elschker를 치료하게 된다. 그녀는 보행에 어려움이 있었으며 갑작스러운 행동 변화를 보여왔다. 그리고 먹는 것과 씻는 것을 거부하기 시작했다. 갑자기 소리를 지르면서 자신이 여동생의 죽음에 책임이 있다고 소리를 질렀으며 악마에 씌었다고 횡설수설하기 시작했다. 크로이츠펠트는 이 환자의 증상 변화를 자세히 기록하기 시작했으며 자발적인 운동이나 행동을 하려고 할 때마다 몸이 떨리는 증상을 발견했다. 그리고 말할 수 있는 능력을 잃었으며 간질발작과 같은 발작이 반복되었다. 그리고 침대 밖으로 거동하는 것이 힘들게 되었으며 결국 엘슈커는 입원한 지 3개월 만에 사망했다.[24]

크로이츠펠트는 이후 사후 부검을 통해서 뇌에 어떤 손상이 일어났는지를 조사했는데 놀랍게도 이 환자의 뇌에서 아무런 염증 없이 뇌에 손상이 일어난 사실을 발견하였다. 특히 뇌에서 신경세포가 손상되고 부어 있는 것을 발견했다. 이러한 신경세포 손상이 일어난 곳은 중추신경계가 모여 있는 회백질Gray Matter이었다. 이처럼 염증 없이 회백질의 신경세포가 손상되는 질환은 이전에 보고된 적이 없었다. 여기에서 주목해야 할 점은 염증이 없었다는 점이다.

염증은 보통 다음과 같은 과정을 거쳐 생긴다. 우리의 몸은 외부의 병원체 등 보통 자신과 다른 물질이 침입했다고 판단하면 면역체계에 경고를 보내고, 면역체계는 곧바로 자신과 다른 외계물질을 찾아 공격한다. 이러한 공격 과정에서 병원체와 면역체계 사이의 전투가 벌어지고 여느 전쟁터처럼 부상자나 전사자들이 속출하게 된다. 즉 이러한 전투 과정에서 일어나는 불상사로 인해 발생하는 것이 염증이라고 할 수 있다. 하지만 크로이츠펠트가 환자의 뇌를 부검했을 때 이와 같은 면역체계의 반응이나 전쟁의 흔적은 전혀 찾아볼 수 없었다. 그러면서도 아군들이 몰살하는 사태가 발생한 것이다. 그렇다면 적은 누구인가? 몰래 암살자들이 성을 넘어 들어와 아군을 몰살하고 유유히 사라진 것인가? 이처럼 의학적으로 설명할 수 없는 상황이 연출된 것이다.

하지만 그의 발견은 1차 세계대전의 발발로 말미암아 학계에 바로 알려지지 못했다. 세계대전이 끝나고 1920년이 되어서야 그의 논문이 세상에 알려졌다.[25] 크로이츠펠트가 새로운 퇴행성 신경질환을 발견했다는 소식은 독일 함부르크에서 연구를 하던 다른 신경학자인 알폰스 마리아 야코프Alfons Maria Jakob에게도 알려진다. 야코프 또한 당시 알로이스 알츠하이머의 연구 결과에 많은 영향을 받아

알폰스 마리아 야코프(1884~1931)

중추신경에서 발생하는 퇴행성 신경질환을 연구하고 있었으며 유사한 증상을 보이던 네 명의 환자들을 연구하고 있었다. 이 네 명의 환자들은 34세에서 51세 사이의 남성 두 명과 여성 두 명으로 모두 근육운동과 언어, 감정 표현에 문제가 있었으며 갑작스러운 성격 변화와 기억 쇠퇴 증상을 보이고 있었다. 그리고 모두 의식이 있는 상태에서 몸이 완전히 마비되는 과정을 겪으면서 결국 크로이츠펠트의 환자처럼 사망하고 말았다.[26] 야코프는 이들의 시신을 부검했으며 크로이츠펠트가 기술한 것처럼 뇌에서 아무런 염증도 없이 뇌조직과 신경조직이 손상되는 모습을 발견하였다. 그는 1921년에 그의 발견을 「특이한 해부학적 관찰을 통해서 본 중추신경계의 이상한 질병」이라는 제목의 논문으로 발표한다.[27]

야코프가 연구논문을 발표한 그 다음 해인 1922년 독일 신경학자인 발터 스필마이어Walther Spielmeyer는 논문에서 크로이츠펠트와 야코프가 관찰하고 보고한 '염증을 발생시키지 않은 채 뇌신경을 몰살시키는 이 질병'을 동일한 질병이라고 정의한다. 즉 대뇌피질에 주로 나타나고 경련과 자극에 과민 반응을 보이며 정신병적인 증상을 보이는 것이 그 대표적인 증상이라고 적고 있다. 스필마이어는 크로이츠펠트와 야코프가 분석한 질병은 동일한 질병일 뿐 아니라 전에 아무도 발견한 적이 없는 새로운 질병이라고 주장하면서 이 질병의 이름을 크로이츠펠트야코프병이라고 부를 것을 제안했다.[28] 하지만 이 질병이 단순히 유전적인 문제로 일어나는 질환인지 아니면 무엇인가에 감염되어 일어나는 질병인지 하는 의문은 풀리지 않은 채 도서관 서고에 남겨졌다. 단지 야코프가 진료한 네 환자 중에서 한 명의 여동생이 비슷한 증상으로 죽었으며 다른 가족도 유사한 질병으로 죽었다는 사실이 밝혀지면서 일단 크로이츠펠트야코프병은 유전병일 수 있다는 가정이 지배적인 가설로 받아들여졌다.

미분류 치매의 처리장

20세기 초 크로이츠펠트와 야코프가 보고한 이 새로운 뇌질환은 이후 의학계에서 큰 관심을 끌지 못했다. 다만 크로이츠펠트야코프병을 진단하는 기준 자체에 대한 혼란과 질병의 성격에 대한 합의가 이루어지지 않은 상태에서 이 질병은 간단히 진단할 수 없는 질병이 되었다.[29] 1960년대 영국의 일부 신경학자들은 이 질병은 의사들이 구분할 수 없는 증상이나 분류 불가능한 증상을 손쉽게 포괄할 수 있는 '미분류 치매의 처리장convenient dumping ground for unclassified dementias'이라고 주장하기도 했다.[30] 당시 신경학자들이 크로이츠펠트야코프병에 대해 조롱 섞인 평가를 한 데는 여러 가지 이유가 있었다.

우선 크로이츠펠트와 야코프의 보고 이후 이와 유사한 질병이 매우 희귀하게 일어났으며, 비록 크로이츠펠트야코프병으로 의심되는 환자가 발견되더라도 그 진단 기준에 정확하게 일치하는 사례가 드물었기 때문이다. 즉 당시 의사들에게 크로이츠펠트야코프병은 '코에 걸면 코걸이, 귀에 걸면 귀걸이' 식의 질병 취급을 받았다. 더구나 많은 신경학자들은 특이하거나 기준에서 벗어나는 증상을 보이는 질환을 발견함으로써 자신의 업적을 널리 알리고 그 질병에 자신의 이름을 붙이려는 경향이 강했기 때문에 크로이츠펠트야코프병은 1960년대에 이르러 몇 개의 연관 질병으로 나뉘게 된다.

예를 들어 1965년에 보고된 브라우넬 오펜하이머 질환Brownell-Oppenheimer은 크로이츠펠트야코프병에 걸린 환자 가운데 특히 도보에 어려움을 느끼고 신체 균형의 파괴가 두드러지게 나타나는 유형으로, 정신장애는 신체 균형감각 상실 이후 뒤따라 발생하게 된다. 이 질환은 특히 소뇌의 신경 파괴가 그 원인이라고 보고 있다. 또 한 가지 유형은 네빈 존스 증후군Nevin-Jones Syndrome으로 불리는 것으로 아급성 해면상뇌증subacute spongiform encephalopathy이라고 분류되기도 한다. 이 유형은 질병의 진전 속도가 가장 빠른 것으로 알려지고 있다. 그리고 하이덴하인 증후군Heidenhain's Syndrome은 1928년 독일 신경학자인 아돌프 하이덴하인Adolf Heidenhain이 발견하여 보고한 것으로 다른 아급성 크로이츠펠트야코프병과 같은 질환이지만 특히 환자가 맹인이 된다는 특징을 보인다. 이러한 시각장애 증상은 눈의 기능이 파괴되어 일어나는 것이 아니라 뇌에서 시각을 담당하는 시각피질visual cortex이 파괴되어 일어나는 증상으로 눈에서 보낸 신호를 뇌가 받아들일 수 없게 되면서 일어나는 증상이다. 크로이츠펠트야코프병은 단일 판단 기준으로 쉽게 판별할 수 있는 질병이 아니어서 위의 여러 가지 하부 유형으로 나뉘게 된 것이다. 심지어 크로이츠펠트야코프병으로 의심되는 일부 질병은 정확하게 증상이 일치하지 않는 경우가 존재하기 때문에 상당수는 비정형 크로이츠펠트야코프병Atypical CJD이라는 이상한 이름으로 분류되기도 한다.[31]

앞으로 고찰해보겠지만 1960년대에 이르면서 크로이츠펠트야코프병 관련 질병에 대한 관심이 증폭되면서 많은 학자들이 이 질환에 대한 연구에 참여하게 된다. 이러한 관심의 증가는 자연스럽게 질병 발생 건수의 증가로 이어지게 된다. 예를 들어 1968년 크로이츠펠트야코프병의 발병 사례들을 자세하게 고찰하고 집대성한 발터 키르슈바움Walter Kirschbaum은 전 세계적으로 발생한 사례 150건을 조사하여 보고하고 있지만[32] 10년이 흐른 뒤인 1978년 호주 병리학자인 콜린 마스터스Colin Masters는 1500건의 발생 사례를 보고하고 있다.[33] 특히 크로이츠펠트야코프병 환자의 평균 연령은 58세였으며 상당수 환자들이 유전적인 요인으로 발병한 것으로 여겨졌다. 마스터스의 연구에서는 전체 크로이츠펠트야코프병 발생자 중 15퍼센트 정도가 유전적인 연관성이 있는 것으로 나타났다.

리비아 유태인과 크로이츠펠트야코프병

크로이츠펠트야코프병이 과연 유전병인지 아니면 다른 전염병처럼 사람들 사이에 감염을 일으키는 질병인지는 처음 크로이츠펠트가 이 질병을 발견할 때부터 논란의 대상이었다. 앞 장에서도 보았듯이 크로이츠펠트야코프병과 유사한 것으로 생각되는 양의 스크래피에 대해서도 지난 200년 동안 유전병인지 전염병인지를 놓고 논란이 이어지고 있었다. 하지만 시간이 흐르면서 많은 신경학자들과 생물학자들은 크로이츠펠트야코프병이 대부분 유전적인 요인으로 인해 발생하는 질병으로 보기 시작했다. 이렇게 유전적인 요인에 관심이 집중된 것은 이스라엘 학자들이 수행한 연구조사 결과 때문이었다.

1970년대 초, 이스라엘의 히브리 대학Hebrew University의 연구자인 에스터 카하나Esther Kahana와 하비 골드버그Harvey Goldberg는 이스라엘에서 발견된 거의 모든 크로이츠펠트야코프병의 사례를 조사하여 그 발병 패턴을 연구했다.[34] 여기에서 주목해야 할 곳은 이스라엘 국가가 건설되기 전 유태인들이 거주하던 지역이다. 기원전 586년 유대인들이 모여 살던 예루살렘은 바빌로니아의 왕이었던 네부카드네자르Nebuchadnezzar의 공격으로 함락되고 솔로몬 신전도 파괴되고 만다. 이후 유대인들은 피난민이 되어 이집트와 북 아프리카 일대에 정착하는데 특히 리비아의 트리폴리Tripoli 지역에 정착하여 2000년 이상 자신들의 풍습을 유지하면서 살았다. 20세기 초 리비아에 살던 유대인의 숫자는 3만 4000명으로 1948년 이스라엘이 건

국되면서 유럽에 살던 유대인들과 함께 자신들의 새로운 국가를 건설하게 된다.

문제는 카하나와 골드버그가 연구한 이스라엘의 크로이츠펠트야코프병의 절반 이상이 다름 아닌 이들 리비아 유대인에게서 발생했다는 점이다. 이것은 다른 그룹보다 발병률이 거의 30배 정도 높은 것이었는데 누구도 왜 리비아 출신 유대인들의 크로이츠펠트야코프병 발생률이 높은지 설명할 수 없었다. 이들은 튀니지와 같은 다른 북아프리카 지역에 살던 유대인과 비슷한 식습관을 가지고 있었으며 유대법을 엄격하게 지키면서 살아온 것으로 알려졌다.

단지 한 가지 의심스러운 부분은 이들 북아프리카 유대인들은 양고기를 즐겨 먹었으며 특히 양의 머리와 눈을 먹는 습관이 있었다는 점이다. 만일 스크래피에 걸린 양이 리비아에 존재했다면(리비아의 양 가운데 스크래피에 걸린 양이 존재했는지 확인할 수 있는 기록이나 통계는 존재하지 않는다) 스크래피와 크로이츠펠트야코프병 사이의 연관성을 의심할 수 있을지도 모른다. 하지만 스크래피에 걸린 양고기를 먹은 사람들이 크로이츠펠트야코프병에 걸렸다는 증거는 찾을 수 없었다. 이로 인해 이스라엘 연구자들은 크로이츠펠트야코프병에 걸린 리비아 출신 유대인의 가족관계를 자세히 조사하였다. 그 결과 당시 리비아 유대인으로 이 질병에 걸린 14명의 환자 중에서 두 명이 친척관계라는 사실이 확인되었으며 또한 세 명의 환자들도 8촌 정도의 친족관계라는 사실이 드러났다. 이후 리비아 출신 유대인에게서 여섯 건의 크로이츠펠트야코프병 환자가 발견

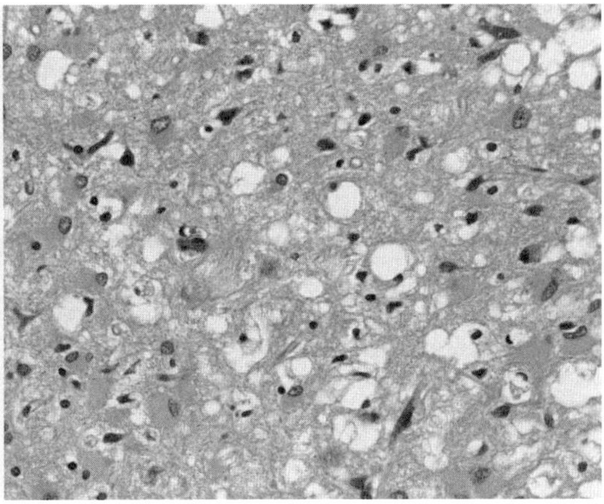

크로이츠펠트야코프병에 걸린 사람의 뇌 조직. 구멍(흰 부분)이 숭숭 뚫려 있다.

되었으며 이들 중 네 명이 친족관계라는 사실이 드러났다. 이러한 사실을 통해 학자들은 리비아 유대인에게서 발생하는 크로이츠펠트야코프병은 식습관보다는 유전적인 요인에서 비롯된 것으로 보기 시작했다.

하지만 여전히 크로이츠펠트야코프병은 매우 희귀하고 판명하기 힘든 질환으로 간주되고 있었다. 게다가 유전적인 요인과 가족관계라는 요인까지 거론되면서 문제는 더욱 복잡해졌다. 물론 알츠하이머병과 같은 중추신경계에서 발생하는 퇴행성 뇌질환은 아직도 우리에게는 너무 해결하기 힘든 미지의 영역이며 현대 의학자들이 고군분투하고 있는 최전선이라고 할 수 있다. 이렇게 수수께끼 같은 신경질환의 쓰레기 처리장으로 여겨진 크로이츠펠트야코프병은 1970년대에 이르러 두 명의 특출한 과학자를 배출하게 된다. 그중

한 명은 크로이츠펠트야코프병과 유사한 질환인 쿠루Kuru라는 질병을 연구해 1976년 노벨의학상을 수상한 칼턴 가이듀섹Carleton Gajdusek이고, 다른 한 명은 1997년 노벨의학상을 수상한 스탠리 프루지너Stanley Prusiner다. 프루지너는 1971년 샌프랜시스코 의대병원에서 크로이츠펠트야코프병 환자와 조우하면서 이 병원체의 구조를 이해하는 단초를 제공했다. 우선 우리는 다음 장에서 가이듀섹이 태평양의 오지인 뉴기니New Guinea에서 연구한 쿠루에 대해 알아볼 것이다.

3장

쿠루와 식인 습관

린덴바움과 글라스가 발견한 식인 풍속 행위는 대략 다음과 같다. 일단 사람이 죽으면 그 가족들과 친족들은 망자를 기리면서 망자의 몸을 음식으로 먹기 위한 준비를 한다. 모계 직계후손이 준비를 담당하며 망자의 몸을 잘라 팔다리를 분리하고 팔다리를 열고 내장과 장기를 꺼낸다. 이 과정에서 매우 쓴 맛을 내는 담낭은 먹지 않고 버린다. 다음으로 망자의 머리를 깨고 뇌를 열어 내용물을 꺼낸다. 사람들은 근육과 내장, 뇌, 골수 등 모든 신체 부위를 섭취한다.

에덴동산의 어두운 과거

태평양에 위치해 있으며 세계에서 두 번째로 거대한 섬인 파푸아뉴기니는 아마존 강 유역의 열대림 지역과 함께 세계에서 가장 다양한 생물종이 존재하고 있는 지역이자 아직도 새로운 생물종이 계속 발견되는 곳이다. 이런 이유로 파푸아뉴기니는 지구 상에 존재하는 에덴동산이라고 불리고 있다. 인도네시아 동쪽과 호주 북쪽에 위치한 파푸아뉴기니는 열대우림으로 가득 찬 산악지대로 이루어져 있다. 이 섬은 16세기 포르투갈 선원들이 발견했지만 습도가 높은 기후와 말라리아와 같은 질병으로 인해 식민지화가 빠르게 이루어지지 않았다. 또한 섬 내륙에는 매우 적대적이고 호전적인 부족이 살고 있어 서양 식민주의자들이 기피하는 지역이 되었다. 하지만 섬의 서부 지역인 이리안자야Irian Jaya라 불리는 서부 파푸아는 19세기부터 네덜란드의 식민지가 되었으며, 동남부 지역은 영국 동인도회사가 관리하고 있었고, 북동부 지역은 독일의 식민지가 되었다. 하지만 서부 파푸아는 인도네시아령으로 귀속되었으며 동부 지역은 1975년 파푸아뉴기니로 독립하기 전까지 호주의 관할 지역으로 편입되었다.

제2차 세계대전이 끝난 직후부터 호주 의사들이 파푸아뉴기니에 병원과 진료소를 개설하여 이곳의 환자들을 돌보기 시작했으며 일부 학자들은 파푸아뉴기니에서 발생하는 흥미로운 질병에 대한 소문을 접했다. 1940년대 말부터 파푸아뉴기니를 관리하고 있었던

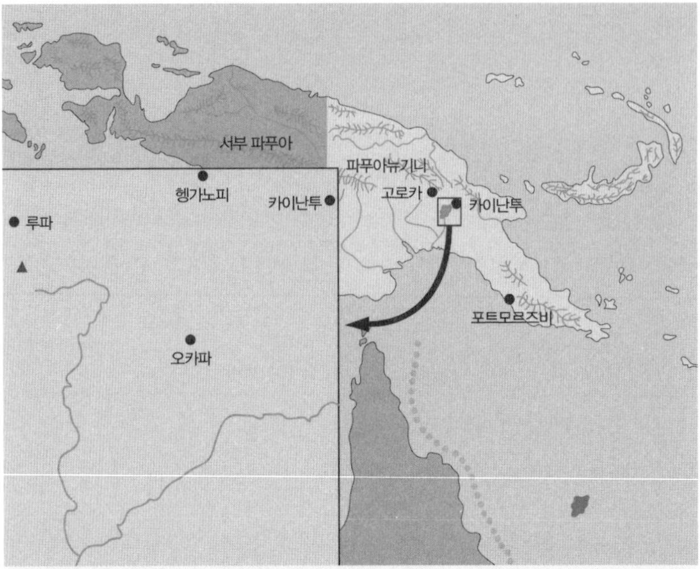

파푸아뉴기니. 색깔 표시는 포레족의 거주지인 하이랜드 지역

호주 정부는 이 섬의 내부 오지에 순찰대를 파견하여 내륙지역의 상황을 알아보도록 하였다. 그리고 1951년부터 호주의 순찰대는 파푸아뉴기니의 내륙지역 가운데 고원지역인 하이랜드Highland에 살고 있던 원주민인 포레Fore족의 거주지 근처에 순찰본부를 설치한다. 1957년까지 호주 당국이 조사한 바에 따르면 적어도 1만 2000명의 포레족이 이곳에 살고 있었다. 하지만 이처럼 조용한 오지가 갑자기 관심을 끌게 된 것은 당시 이 지역에 번지고 있던 질병 때문이었다. 당시 호주 의사들과 인류학자들은 이 섬의 깊은 곳에 살고 있는 원

주민들에게 매우 이상한 질병이 번지고 있다는 소문을 들었다. 1953년과 1954년 사이에 호주 순찰대 일원이었던 존 맥아더John McArthur는 보고서에서 이 지역에 번지고 있는 마법과 연관된 '쿠루Kuru' 라는 질병에 대한 보고서를 제출한다. 그는 보고서에서 "쿠루는 추위에 떠는 듯한 오한 현상과 떠는 모습을 가리키는 말이다. 쿠루에 대해 명확히 설명하기는 어렵다. 하지만 이것은 심리적인 현상인 것처럼 보인다"고 적고 있다.[35] 또한 1952년부터 이곳에서 인류학 연구를 하고 있던 호주의 인류학자 부부인 로널드 번트Ronald Berndt와 캐서린 번트Catherine Berndt는 포레족의 생활을 연구하면서 이곳 사람들이 대부분 마법과 악령을 믿으며 식인 풍습을 가지고 있다고 보고했다. 특히 여러 종류의 악령을 퇴치하기 위한 주술사들의 행위가 널리 퍼져 있다고 주장하면서 쿠루의 존재를 언급하였다.[36]

포레족 거주 지역에 전례 없는 질병이 번지고 있다는 소식은 당시 파푸아뉴기니에서 활동하고 있던 독일 의사 빈센트 지가스Vincent Zigas와 미국의 인류학자 부부인 앤 피셔Ann Fischer와 J. L. 피셔J. L. Fischer에게도 알려졌다. 피셔 부부는 포레족 거주지에 머물면서 당시 확산되고 있던 쿠루를 관찰했으며 이 질병의 확산과 함께 포레족의 특이한 식인 습관을 지적하면서 아마도 이 질병은 식인 습관에서 비롯된 질병일 것이라고 추측하였다.[37] 하지만 포레족의 문화와 관습, 질병에 대해 가장 광범위하게 연구한 인류학자는 미국과 호주의 인류학자인 로버트 글라스Robert Glasse와 셜리 린덴바움Shirley Lindenbaum 부부일 것이다. 이들은 포레족이 살고 있는 하이랜드 지역에 직접

들어가 조사를 수행하였다. 특히 포레족의 성별 역할의 차이와 식습관 그리고 매장 습관에 대해 전반적인 연구를 수행했다.[38] 그중에서 이들의 관심을 끈 것은 바로 쿠루라는 질병의 확산이었다. 이들이 연구를 수행할 당시인 1961년에서 1963년 사이는 포레족에게서 쿠루의 확산이 최고조에 이르던 시기였다. 이미 1959년에 쿠루 환자는 130명을 넘었으며 1963년에는 120명을 넘었다. 그리고 환자들 대부분은 여성이나 어린이들이었다.

당시까지 인류에게 전혀 알려지지 않았던 쿠루라는 미지의 질병은 대부분 사람들의 활동과 균형과 연관된 질환으로 환자는 시간이 지나면서 몸을 전혀 움직일 수 없게 되고 치료도 받지 못한 채 죽음에 이르는 질환이었다. 1960년대 이 질병에 대한 소문을 듣고 직접 포레족이 살고 있는 하이랜드 지역에 들어가 이 질병을 연구하여 1976년에 노벨의학상을 받은 가이듀섹은 이 질병의 증상을 다음과 같이 세밀하게 묘사한다.

"첫 번째 단계에서 환자는 다른 사람들이 알기 전에 이 질병을 자각하게 된다. 자신이 안정적으로 설 수 없거나 보행이 부자유스럽고 목소리, 팔과 눈의 움직임이 자연스럽지 않다는 것을 느끼게 되는 것이다. 그리고 몸을 떨거나 걸을 때 비틀거리기 시작하면서 보행 기능장애가 나타나고 시간이 지나면서 말을 할 수 없게 된다. 눈의 움직임에 장애가 나타나고 초기 단계에서 눈이 사팔 형태가 되며 그것이 지속된다. 초기에 몸을 떠는 현상은 감기에 걸렸을 때 추위에 떠는 것과 다르지 않지만 환자는 과도하고 불규칙하게 몸을 떨게

쿠루 환자들의 대부분은 여성과 어린이들 이었다.(1957년)

된다. (…) 첫 번째 단계 마지막에 이르면 사람들은 걷기 위해서 지팡이를 사용하지만 사람들의 도움 없어도 지팡이에 의존하여 마을을 돌아다닐 수 있다.

두 번째 단계에서 환자는 더 이상 걸을 수 없게 되어 앉아서 생활하게 된다. 몸의 떨림 현상과 기능장애는 더욱 심해지고 근육의 수축과 이완이 통제되지 않다가 갑작스러운 소리나 빛에 노출되면 더욱 불안정해진다. (…) 갑작스럽게 크게 웃는 현상이 일어나고 지긋이 미소를 짓거나 웃는 현상은 천천히 사라진다. 특히 청소년이나 젊은 남성 환자는 우울증이 나타나고 정신능력이 천천히 저하된다. 하지만 심한 치매 현상은 일어나지 않는다.

그리고 마지막 단계에 이르면 부축 없이는 앉아 있을 수 없게 되고 기능장애, 떨림 현상 그리고 말더듬증은 더욱 심해진다. 힘줄의 반응이 과도하게 나타난다. 그리고 대소변을 가릴 수 없고 음식을 넘길 수도 마실 수도 없게 된다. 그리고 완전히 말을 할 수 없게 되며 전혀 반응을 나타내지 못한다. 그리고 환자는 사망한다."[39]

악령 또는 식인 습관의 복수?

당시 일부 인류학자들과 의학자들은 1960년대에 확산되던 쿠루라고 불리는 질병의 정체를 알아내기 위해 포레족을 대상으로 대단위 조사를 수행했다. 1960년대 학자들이 이 미지의 질병을 조사할 당시 포레족 중에서 오래 살았다고 주장하는 사람들(당시 포레족의 평균수명은 40세로 대부분 여성들에게 폐경기라는 개념이 없을 정도로 평균수명이 낮았다)은 이 질병이 언제 처음 발생했는지 기억하고 있었다. 즉 1960년대 초 조사가 이루어질 당시 이들의 연령은 40세 전후로, 그들이 쿠루가 발생하기 시작했다고 기억하는 시기는 결국 1920년대가 된다. 또한 일부는 쿠루가 19세기 말부터 발생하기 시작했다고 주장했다.[40]

서양인들에게 쿠루가 알려지기 전까지 포레족은 쿠루의 원인을 마법으로 돌렸다. 다른 많은 질병의 원인을 마법이나 악령에 돌렸듯이 쿠루 환자 역시 악령에 씌어서 미친 것으로 생각한 것이다. 특히 쿠루 환자들은 모두 몸을 심하게 떨고 정신이 나간 것처럼 보였기 때문에 악령이 병을 일으켰다는 생각이 강하게 퍼졌다. 심지어 처음 쿠루를 관찰한 호주의 의학자들도 "마술의 일종으로 생각되는 것에 위협을 받아 발생한 정신지체증"으로 진단했다. 또한 지금까

포레족의 질병 쿠루를 연구하여 노벨의학상을 받은 가이 듀섹.

지도 많은 사람들이 쿠루가 질병이 아니라 마법에 씌운 것이라 믿고 있다.[41] 하지만 단순히 마법이나 악령에 씌운 상태로 보기에는 너무 많은 사람들, 특히 많은 여성들이 쿠루에 걸려 사망했다. 1957년과 1976년 사이에 보고된 쿠루 발병 건수는 2000건으로, 쿠루의 확산이 최고조에 이른 1960년대에는 너무 많은 여성들이 사망하여 사회체계 자체에 변동이 일어날 정도였다. 1960년대 초에 성비는 남성 대 여성이 2:1로 여성이 턱없이 부족한 상황이었으며 일부 지역에서는 성비가 3:1에 이르기도 했다. 즉 성비의 불균형 현상이 일어나면서 일처다부제가 형성되었으며 여성들의 결혼연령이 낮아지는 현상이 일어났다.

쿠루를 질병으로 보면서 본격적으로 관찰과 연구를 수행한 것은 지가스와 가이듀섹이 처음이었다. 그들은 1957년에 최초로 쿠루에 대한 의학적인 평가를 수행했으며, 쿠루가 이 지역의 가족 또는 부락 단위로 발생한다는 사실을 알아냈다. 또한 쿠루의 피해자는 주로 여성과 아이들이라는 사실도 발견했다. 만일 쿠루라고 불리는 기괴한 질병이 보통 전염병이라면 이 지역의 모든 사람들이 피해자가 되어야 한다. 여성과 아이들이 주요 피해자라는 사실은 일반적인 전염병이라는 가능성에 의문을 제기하도록 했다. 또한 많은 학자들과 인류학자들은 포레족이 20세기 초부터 식인 습관을 갖고 있다는 사실을 알고 있었다. 비록 1950년대 중반에 호주 정부가 이 지역에서 행해지고 있는 식인 습관을 막기 위해 순찰을 강화했으며 식인 풍습을 금지시켰지만, 포레족은 호주 당국의 순찰을 피해 이 전통을 지켜나갔다. 그래서 가이듀섹과 지가스를 비롯한 많은 연구자들이 포레족의 식인 습관을 쿠루의 원인으로 지목한 것은 자연스런 것일 수 있다.

하지만 식인 풍속을 쿠루 확산의 원인으로 보는 데도 문제가 있었다. 포레족의 식인 풍습은 외부 부족과의 싸움이나 전투에서 죽은 사람을 먹는 풍습이 아니라 자신의 부족에서 친척이 죽었을 때 그 시체를 먹는 족내 식인 풍습endocannibalism이었기 때문이다. 즉 질병에 걸린 시체는 외부에서 유입된 것이 아니라 포레족 내부에 있었다. 포레족은 죽은 사람의 영혼을 이어받아 그의 인격과 동화되기 위한 의례로 식인 습관을 지켰다. 포레족의 식인 풍속은 특별히 성별에 따라 다르게 수행하는 것이 아니었다. 대부분 부족의 구성원들이 식인 풍속에 참여했음에도 여성과 아이들이 주요 희생자라는 점 또한 연구자들을 혼란스럽게 만들었다. 하지만 인류학자들과 의학자들은 포레족의 식인 풍속의 자세한 사항을 조심스럽게 연구하기 시작했다. 그리고 그 안에서 무엇인가 쿠루의 실마리를 찾을 수 있을 것이라고 예상했다.

인류학자인 린덴바움과 글라스는 식인 풍속을 자세히 조사하면서 어떻게 이러한 풍습이 지속될 수 있었는지 연구했다. 특히 당시 28세였던 린덴바움은 여성들과 가까이 지내면서 여성들의 생활을 조사했으며 어떻게 식인 습관을 수행했는지 물어볼 수 있었다. 그녀는 여성들과의 인터뷰에서 모든 여성이 이 풍습에 참가하는 것은 아니라는 사실을 알아냈다. 어떤 여성은 죽은 사람의 몸을 먹는 것이 두려워 참가하지 않았으며 이러한 관습은 매우 개별적으로 이루어진다는 사실을 발견했다. 공동장소에서 사람들이 모여 식인 풍습을 수행하는 것이 아니라 밤에 자신의 정원에서 다른 사람들이 모르게 식인 풍습을 수행했다.

린덴바움과 글라스가 발견한 식인 풍속 행위는 대략 다음과 같다. 일단 사람이 죽으면 그 가족들과 친족들은 망자를 기리면서 망자의 몸을 음식으로 먹기 위한 준비를 한다. 모계 직계후손이 준비를 담당하며 망자의 몸을 잘라 팔다리를 분리하고 팔다리를 열어 근육을 분리해낸다. 그리고 가슴과 배를 열고 내장과 장기를 꺼낸다. 이 과정에서 매우 쓴 맛을 내는 담낭은 먹지 않고 버린다. 다음으로 망자의 머리를 깨고 뇌를 열어 내용물을 꺼낸다. 사람들은 근육과 내장, 뇌, 골수 등 모든 신체 부위를 섭취한다. 북부 지역에 사는 포레족은 시체를 며칠 동안 땅에 묻어두었다가 다시 꺼내 고기가 숙성된 뒤에 먹는다는 차이점이 있을 뿐이다. 버려지는 부분은 담낭뿐 거의 모든 부위를 섭취한다.

하지만 사람들이 모든 망자의 시체를 먹는 것은 아니었다. 포레족은 이질이나 나병 그리고 인도마마에 걸려 죽은 사람의 시체는 먹지 않았다. 하지만 쿠루로 죽은 사람의 시체는 아무렇지 않게 먹었다. 포레족에게 인간의 고기는 돼지고기와 같은 가치가 있었다. 그리고 몸의 특정 부위는 특정한 관계의 친족에게 분배했다. 예를 들어 남자의 엉덩잇살은 부인이 먹었다. 그리고 모계사촌(외사촌)은 망자의 팔다리를 받았다. 포레족이 살고 있는 지역은 단백질 섭취가 어려운 환경이었다. 린덴바움에 따르면 남자들은 주로 멧돼지와 집에서 기르는 돼지고기를 먹을 수 있었던 반면 여성들은 작은 새 따위의 짐승이나 곤충, 개구리 그리고 죽은 사람의 시체를 먹을 수 있었다.

인류학 연구와 가이듀섹을 비롯한 의학자들의 연구에서 발견된 한 가지 특이한 점은 남성과 여성이 먹는 부위가 다르다는 점이었다. 남자가 죽으면 그의 뇌는 여자 동생이 그 뇌를 먹는다. 그리고 북부 포레족은 여동생과 며느리 그리고 이모가 뇌를 먹었다. 그리고 여성이 죽으면 그녀의 뇌는 며느리 또는 남동생의 부인이 먹었다. 이처럼 망자의 뇌와 내장은 여성들과 아이들이 먹고 근육 부위는 남성들이 먹는다는 차이를 발견하였다.

의학자들이 쿠루를 뇌에서 발생하는 질병으로 본 것은 바로 특이한 이 식인 풍속 때문이었다. 물론 당시 연구자들이 포레족의 식

포레족의 식인 풍습이 담긴 사진이라고 알려진 〈사이언스〉 지에 실린 사진

인 습관이 쿠루의 발생과 직접적이고 명백한 연관성이 있다고 밝혀낸 것은 아니다. 하지만 시간이 흐르면서 이 두 가지 변수 사이의 연관성이 명백해졌다. 그리고 질병의 성격을 파악할 수 있는 두 가지 중요한 사실을 알게 되었다. 먼저 이 질병의 잠복기가 짧게는 3년에서 길게는 20년이 넘을 정도로 다양하다는 사실이었다. 이렇게 다양한 잠복기를 통해서 쿠루의 발생과 식인 습관 사이에 연관성이 있음을 알게 된 것은, 1950년대 호주 정부가 포레족의 식인 풍습을 금지한 이후 이 질병의 주요 피해자들이 모두 당시 식인 풍습에 참가한 적이 있었던 나이가 많은 사람들이었기 때문이다. 쿠루는 1990년대까지 포레족에게서 발생했으며 모두 나이가 많은 고령의 환자들이었다. 최근 이루어진 연구에 따르면 1996년과 2004년 사이에 11명의 새로운 쿠루 환자가 나타났으며 쿠루 증상이 나타날 당시 환자들의 나이는 46세에서 63세 사이였다고 한다. 이들은 모두 호주

당국이 식인 풍습을 금지하기 전에 태어난 사람들이다. 만일 이 질병이 식인 습관과 연관된다면 그 잠복기는 거의 50년이 넘는다는 의미다.[42]

하지만 일부 학자들은 포레족의 식인 풍습과 쿠루 사이의 연관성에 의문을 제기했다. 일단 일부 인류학자들은 포레족이 1950년대 이전에 갖고 있었던 식인 풍습의 존재 자체에 의문을 제기하고 있다. 한 가지 유의해야 할 점은 세계 어느 곳에서나 식인 풍습이나 습관에 대한 전설이나 구전이 존재한다는 점이다. 그리고 많은 인류학자들은 이러한 식인 풍습에 대한 이야기를 실제 사실로 받아들이기보다는 전설로 보는 경우가 많다. 이런 측면에서 포레족의 식인 풍습이 실제로 일어난 일이라기보다는 오래전에 중단되었음에도 사람들이 구전으로 전하는 이야기일 수도 있다. 그렇지만 1950년대 호주 정부가 파견한 경찰이나 인류학자들 그리고 이 부족 구성원들의 증언을 보면 식인 풍습이 실제로 있었던 것으로 여겨진다.

4장

실험실로 간 스크래피

에든버러의 디킨슨 연구 팀이 수행한 실험은 어찌 보면 매우 간단해 보인다. 하지만 디킨슨의 연구는 매우 긴 시간 투자와 재정 지원이 없이는 불가능한 연구였다. 예를 들어 ME7 계통의 병원체를 얻기 위해 실험쥐를 40세대 동안 번식시켜야 했다. 그 이후에 비로소 실험쥐에서 안정적인 병원체를 얻을 수 있었던 것이다. 또한 1960년부터 1972년 사이에 이들은 400회가 넘는 실험을 반복했으며 거의 4000마리의 실험쥐를 사용하여 실험 결과를 얻어냈다.

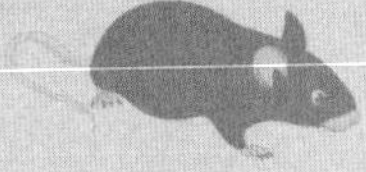

실험실 연구

1960년대까지 과학자들과 수의학자들에게 혼란을 일으킨 스크래피 연구는 그저 단순한 해부학적인 연구조사에 불과했다. 이미 2장 말미에서 말한 것처럼 영국과 유럽의 목축업자들을 괴롭힌 스크래피 연구에서 알아낸 것은 대부분 백신접종 과정에서 우연히 알아낸 것이었다. 그러나 이러한 연구를 통해서 스크래피가 단순히 바이러스나 박테리아가 일으키는 일반적인 질병과는 상당히 다른 질병이라는 사실이 알려졌다. 특히 제2차 세계대전 중 스코틀랜드에 남아 연구를 수행한 윌슨은 이후 연구자들에게 귀중한 연구 자료를 제공하였고 챈들러가 1961년 처음으로 스크래피 병원체를 실험쥐에 전이시키는 데 성공함으로써 실험실 연구가 가능해졌다.[43]

그 전까지 연구자들에게는 양과 염소를 대상으로 연구를 수행하는 것에 매우 큰 어려움이 있었다. 양과 염소를 대상으로 한 연구는 그 기간이 짧게는 8개월에서 길게는 3년이라는 시간이 걸렸다. 병원체를 양에게 주입하면 연구자들은 손을 놓고 2~3년을 기다려야 했다. 또한 양을 대상으로 한 대규모 연구는 양에서 나타나는 급성 뇌염인 도약병 백신을 개발하는 과정에서 우연히 이루어졌지만, 대규모 스크래피 연구를 수행하기 위해서는 많은 비용과 노력을 들여야 했다.[44] 하지만 일단 실험쥐에 병원체를 전이시킬 수 있게 되면서 연구자들은 실험실에서 본격적인 연구를 수행할 수 있었다. 더욱이 스크래피에 감염된 실험쥐는 양이나 염소보다 훨씬 짧은 시간 안에 증상이 나타났다. 그리고 증상이 나타나는 부위를 해부를 통해 쉽게 알 수 있었다.

영국에서 스크래피에 대한 실험이 본격적으로 이루어지게 된 데는 미국에서 발생한 스크래피가 중요한 역할을 하였다. 1950년대까지 전 세계적으로 스크래피가 확산된다. 1940년에 캐나다에서 발생한 스크래피를 필두로 1951년에 호주에서, 그리고 1952년에 미국에서 스크래피가 확산된다. 이러한 상황에서 미국의 농업부Department of Agriculture는 긴급하게 스크래피 확산에 대한 조사를 벌인다. 그 결과 스크래피에 걸린 양들이 모두 영국에서 수입된 양이라는 사실이 밝혀졌고 미국은 영국 양에 대해 전면적인 금수조치를 취한다. 그렇지만 당시 미국에는 스크래피를 다룰 수 있는 연구 인력이 부족한 상태였으며 연구를 수행하고 있는 연구소도 없었다. 미국 농업부는 영국에 전문 인력을 파견하여 스크래피에 대한 연구방법을 습득해야 했다. 이를 위해 미국 농업부는 영국의 농업관련 분야 연구를 관장하는 기관인 농업연구위원회와 함께 영국에 스크래피 관련 연구기관을 확대하고 미국 연구자를 파견한다는 협의를 진행한다. 미국 정부는 영국과의 협의에서 새로운 연구소를 설립할 수 있도록 투자 비용 지원을 약속하였고 이에 따라 영국 농업연구위원회는 기존의 스크래피 연구 그룹을 확대하여 스코틀랜드의 에든버러와 잉글랜드의 콤튼Compton에 스크래피를 전문적으로 연구하는 연구소를 설립한다.[45] 그 결과 에든버러에 위치한 모어던연구소와 잉글랜드 농업연구위원회 산하 동물질병연구소는 각각 5만 3000파운드의 지원금을 받아 스크래피 연구를 위한 연구소를 설립하고 연구 인력을 투입하였다. 이 두 연구소의 설립은 현재 국제적인 광우병 연구의 기초가 되었으며 이곳 연구자들의 연구 결과는 전 세계 연구자들에게 연구의 조석을 제공하고 있다.[46]

에든버러의 유전학 연구

지난 250년 동안 양과 염소에서 주로 발생하여 농업 생산에 큰 피해를 준 스크래피 병원체를 실험쥐로 전이하게 되면서 가장 큰 혜택을 받은 이들은 유전학과 병리학을 연구하는 과학자들이었다. 유전학은 보통 여러 세대에 걸친 유전자의 변화를 측정해야만 병원체의 성격을 알아낼 수 있는 학문이다. 이러한 연구에서는 가장 짧은 세대에 걸쳐 발현되는 질병 상태를 알아보는 일이 필수적이다. 이전에도 언급했듯이 양과 염소에서는 스크래피가 나타나기까지 보통 8개월에서 3년이 걸린다. 즉 병원체를 실험용 양과 염소에 주입하고 8개월에서 3년을 기다려야 했다. 이렇게 특이하게 긴 잠복기 때문에 질병의 발현 과정을 조사하는 유전학과 병리학자들의 스크래피 연구는 큰 진전이 없었다. 하지만 실험쥐는 100일에서 200일 사이에 증상이 나타나기 때문에 잠복기를 단축하고 좀더 효율적으로 실험할 수 있었다. 이미 에든버러의 모어던연구소는 동물품종개량연구소 Animal Breeding Research Organisation와 함께 동물 질병의 유전학 연구를 수행해왔었기에 축적된 기술과 지식을 통해서 스크래피 병원체를 실험실 안으로 가져올 수 있었다.

1950년대 말부터 시작된 스크래피에 대한 유전학-병리학적 연구는 영국의 유전학자인 앨런 디킨슨Alan Dickinson이 이끌고 있었다. 그의 스크래피와 광우병에 대한 열정은 은퇴한 지금까지도 계속되고 있다.

디킨슨은 실험쥐를 이용한 연구를 통해 미지의 중추신경 퇴행성 질환을 일으키는 병원체의 성격과 병원체가 발현하는 유전자를 밝혀내는 단초를 마련했다. 당시 연구자들은 이 질병에 대해 아는 것이 거의 없었다. 단순히 이 질병의 잠복기가 다른 바이러스나 박테리아성 질환보다는 훨씬 길다는 사실과 병원체의 크기가 이상하리만큼 작다는 사실, 그리고 여러 가지 화학약품이나 열에도 전혀 영향을 받지 않는 슈퍼 질병이라는 사실뿐이었다. 실제로 감염력이 얼마나 강한지, 병원체가 박테리아인지 아니면 바이러스인지, 어떻게 인체에 들어가 질병을 일으키는지, 그리고 우리 몸속에서 이 질병의 발현을 돕는 유전자가 있는지 여부조차 알 수 없었다. 디킨슨은 이러한 기본적인 세부 사항을 하나하나 찾아가는 연구 방법을 택했다. 당시 상황에서는 눈가리개를 하고 코끼리의 다리를 만지는 것과 같은 연구만이 스크래피라는 질병의 성격을 알아낼 수 있는 유일한 방법이었다.

디킨슨 연구 팀이 수행한 실험의 기본적인 과정은 각기 다른 양의 뇌 추출물을 실험쥐에 주입하여 잠복기를 측정하고 병이 뇌와 각

디킨슨(왼쪽)과 킴벌린(오른쪽)

기 다른 장기에서 시간에 따라 어떻게 나타나는지를 측정하여 질병의 발생 경로와 시간을 알아내는 것이었다. 이 과정에서 디킨슨 연구 팀은 이 질병의 감염력이 얼마나 강력한지를 보여주는 놀라운 발견을 하였다. 즉 스크래피에 감염된 실험쥐의 뇌조직을 추출하여 희석하는 방법으로 병원체의 감염력을 알아보는 실험에서 연구 팀은 뇌조직의 추출물을 더욱 많이 희석하면 희석할수록 잠복 기간이 증가한다는 사실을 발견했다. 예를 들어 조그만 숟가락 한 개 정도의 뇌조직 추출물을 1470리터의 물에 희석해 건강한 쥐에 주입하면 6개월 뒤에 스크래피 증상이 나타난다. 그런데 동일한 양의 추출물을 147만 리터(이 정도 양은 보통 올림픽 경기용 수영장을 채울 수 있는 물의 양이다)에 희석해 건강한 쥐에 주입해도 8개월에서 9개월 뒤에 스크래피에 걸려 죽는다. 이 실험은 두 가지 의미가 있다. 첫째, 이 실험은 스크래피라는 병원체가 얼마나 강력한 감염력을 가지고 있는지를 보여준다. 즉 극소량으로도 질병을 일으킬 수 있다는 사실을 발견한 것이다. 둘째, 더욱 중요한 의미는 추출물의 양과 희석물 사이의 관계를 계산하여 감염력에 대한 기본지식을 얻을 수 있다는 사실이다. 이를 통해서 실험 과정에서 일어날 수 있는 혼란을 막고 표준화된 수량으로 실험을 진행할 수 있게 되었다.[47]

에든버러의 디킨슨 연구 팀이 진행한 유전학-병리학적 연구는 이후 연구자들에게 가장 기본적인 연구자료를 제공하게 된다. 질병에 대한 유전학적 병리학적 연구에는 몇 가지 기본 요소들이 필요하다. 즉 위에서 보여준 것처럼 질병에 대한 표준화가 필요하다. 스크래피는 지금까지 현미경으로 그 병원체를 관찰한 적도 없고, 실제로 병원체가 바이러스인지 박테리아인지 또는 외부 병원체에 의해 발생하는 질병이 아닌 유전병인지조차 알 수 없었다. 만일 이 질병이 감염성을 지녔다면 얼마나 강력한 감염성을 갖고 있는지를 수량화하여 표준화해야 한다. 이 첫 번째 표준화 과정이 바로 위에서 언급한 감염력 측정 실험이다. 두 번째 표준화 과정은 실험쥐의 유전자를 표준화하는 것이다. 실험쥐는 보통 단일한 종류의 쥐를 사용하는 것이 아니다. 실험의 성격이나 목표에 따라 각기 다른 실험쥐를 사용한다. 실험쥐들은 다양한 유전자형을 가지고 있기 때문에 유전학 연구를 수행하는 학자들에게는 일관되고 표준적인 유전자를 지닌 실험쥐를 찾아내는 것이 매우 중요한 일이다. 일정한 양의 병원체를 주입하여 몇 세대에 걸쳐 잠복기와 질병의 발현 상태가 일관되게 나타나면 그때에 비로소 그 질병에 알맞은 표준화된 실험쥐를 얻을 수 있다. 세 번째 표준화 작업은 병원체의 양과 주입 형태(뇌에 직접 주사를 하거나 내장에 주입하는 형태)를 달리하여 병원체의 성격을 규명해내는 것이다.

1950년대부터 연구자들은 스크래피가 양과 염소에게서 최소한 두 가지 이상의 다른 형태로 발현된다는 사실을 알고 있었다. 즉 피부병에 걸린 것처럼 몸을 기둥이나 벽에 대고 마구 긁어대는 형태스크래치 형, scratching strain와 어지럼증에 걸린 것처럼 균형을 잃고 쓰러지는 형태드라우지 형, drowsy strain로 나뉜다는 사실을 알고 있었다.[48] 이러한 사실을 통해 디킨슨과 그의 연구진은 스크래피가 보여주는 증상과 잠복기의 다양성으로부터 이른바 '질병계통의 다양성'strain variation이라는 개념을 발전시킨다. 이 질병계통의 다양성은 비록 하나의 단일 질병이라고 하더라도 그 증상이나 잠복기 등은 각기 다르게 나타난다는 것을 의미한다. 예를 들어 감기는 사람에 따라 목감기나, 코감기, 두통, 고열 등 각기 다른 증상이 순차적으로 나타나거나 한꺼번에 나타나거나 또는 일부 증상만 나타난다. 이렇게 각기 다르게 나타나는 현상을 통해서 감기라는 질병이 지닌 성격의 다양성을 알 수 있으며 이를 질병계통이라고 부를 수 있다.[49]

또 한 가지 여기서 중요한 점은 질병계통의 다양성은 병원체가 가지고 있는 정보의 차이, 즉 유전자 구성의 차이를 보여주는 중요한 단서가 될 수 있다는 것이다. 다시 감기의 예로 돌아가서 코감기를 일으키는 감기 바이러스와 두통을 먼저 일으키는 감기 바이러스는 감기 바이러스라는 점은 같지만 세부적인 유전자 구성은 다르다.

다시 말하면, 유전자에 입력된 정보의 차이 때문에 감기에 걸리면 각기 다른 증상을 보이는 것이다. 이처럼 '질병계통'의 발견은 당시까지 미지의 병원체였던 스크래피가 아마도 일반 유전자를 가진 박테리아나 바이러스와 같은 것일 수 있다는 가능성을 보여주는 것이었다.

1960년대 말에 이르러 디킨슨의 연구진은 적어도 여덟 가지의 스크래피 질병계통을 밝혀낼 수 있었다.[50] 각기 다른 계통의 스크래피는 각기 다른 잠복기와 병리학적인 특징을 보이면서 다르게 나타난다. 그리고 이들 계통을 여러 세대의 실험쥐에 주입하여 잠복기와 병리학적 성격을 관찰한 결과 변화 없이 일관된 결과가 나타나는 것을 발견하였다. 즉, 이것은 스크래피 병원체가 특정 유전정보를 가지고 있으며 각기 다른 유전정보가 잠복기와 병리학적인 차이를 일으킨다는 것을 의미한다.

디킨슨의 연구 팀은 스크래피 병원체 계통이 적어도 여덟 종류로 분류될 만큼 다양하다고 할 때 이들 병원체 계통을 각기 다른 유전적 구성을 지닌 실험쥐에 주입했을 때 어떤 반응을 나타내는지를 연구했다. 지금까지는 스크래피 병원체 자체의 구성과 발현 형태를 조사했다면, 새로운 연구에서는 동일한 병원체를 각기 다른 유전적 특징을 지닌 실험쥐에 주입했을 때 일어나는 상호작용을 조사한 것이다.

사실 1964년경 디킨슨과 연구자들은 매우 흥미로운 사실을 한 가지 발견했다. 가장 대표적인 스크래피 계통으로 알려진 ME7이라고 불리는 병원체(이 병원체는 서포크종 양에게서 발생한 스크래피 병원체를 직접 실험쥐에 주사하여 얻어낸 계통이다)[51]를 다른 두 종류의 실험쥐에 주입하면 잠복기에 상당히 큰 차이를 보인다는 사실이었다. 즉 보통 A라고 불리는 종류의 실험쥐에 병원체를 주입하면 잠복기가 짧아서 약 20주가 지나면 증상이 나타나는 반면, B라는 종류의 실험쥐에 똑같은 병원체를 주입하면 잠복기가 훨씬 길어져 24주에서 40주 뒤에 증상이 나타나게 된다.

또한 병리학 연구를 담당해온 디킨슨 박사의 동료인 휴 프레이저Hugh Fraser는 잠복기뿐 아니라 뇌에서 발생하는 병리학적인 특성도 각기 다르게 나타난다는 사실을 발견했다. 디킨슨 연구 팀은 이러한 차이가 나타나는 이유를 밝히기 위해 고전적인 멘델의 유전실험과 같은 실험을 스크래피 연구에 도입했다. 즉 다른 잠복기를 보이는 A와 B라는 실험쥐를 교배하여 다음 세대 실험쥐인 A×B를 얻어 스크래피 병원체를 주입했다. 그 결과 A×B는 정확하게 부모의 잠복기의 평균에 해당하는 잠복기를 보였다. 또한 뇌의 병리학적 변화도 정확하게 중간 정도의 변화를 보였다. 이를 통해서 디킨슨 연구 팀은 한 가지 중요한 결론을 내릴 수 있었다. 외부의 스크래피 병원체와 상호작용하는 특정한 유전자가 실험쥐에 존재한다는 사실이다. 즉, 숙주인 실험쥐의 몸에 병원체에 호응하는 유전자가 없으면 특정한 병원체가 침투했을 때 서로 구분이 가능할 정도로 다른 증상과 잠복기를 보이지 않는다. 다시 말하면, 스크래피를 일으키는 병원체는 바이러스나 박테리아처럼 자체적인 유전정보를 가지고 있으며

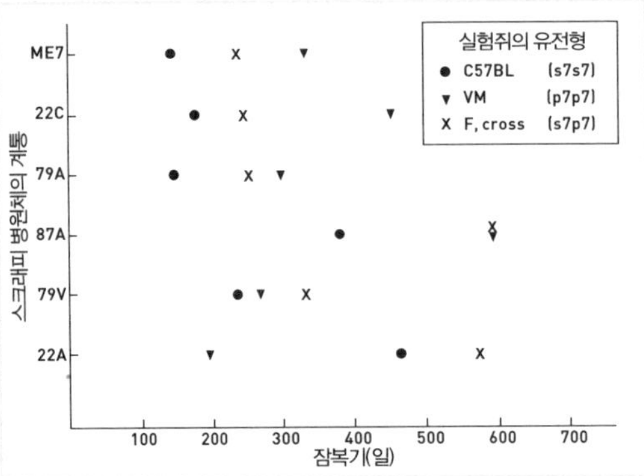

다양한 스크래피 병원체와 스크래피 유전자 사이의 상호작용

숙주의 몸속에 침투해서 일정 기간을 돌아다니다가 병원체와 호응하는 유전자와 만나면 질병을 일으키는 것이다. 디킨슨은 이 특정한 유전자를 'Sinc스크래피 잠복기 유전자, Scrapie Incubation gene'라고 명명하였다.

하지만 문제는 그렇게 간단하지 않았다. 제2차 세계대전 기간 모어던연구소에서 조용히 연구를 수행한 윌슨의 노력으로 잘 알려진 한 가지 사실은, 스크래피에 걸린 동물은 모두 아무런 염증도 없이 죽어간다는 점이다. 염증이 없다는 것은 신체의 면역체계가 아무런 작동도 하지 않았다는 것을 의미한다. 다시 감기의 예로 돌아가서, 만일 사람의 몸에 감기 바이러스가 침투하면 우리 신체의 파수꾼이라고 할 수 있는 면역세포들은 바로 경고신호를 보내고 방어태세에 나선다. 그리고 바이러스와 전투를 벌여 바이러스가 강력하고 숫자가 많으면 패배하여 퇴각하고 적이 약하면 바로 바이러스를 포위하여 죽여 방어에 성공한다. 하지만 어느 전쟁에서나 희생자들이 발생하기 마련이다. 전사자들이 생기고 바이러스건 면역세포건 아군과 적군을 가릴 것 없이 전투가 일어나는 곳은 전쟁터가 된다. 바로 그 결과가 염증이다. 예를 들어 코감기에 걸리고 열이 나는 것은 바이러스라는 외부의 적에 대항해 신체의 면역세포들이 열심히 싸우고 있다는 증거일 수 있다.

하지만 스크래피가 지닌 특징은 이러한 전쟁의 흔적을 남기지 않고 신체에 침투한다는 점이다. 면역반응의 부재는 최근까지 과학자들을 괴롭혀온 문제였다. 만일 일반 바이러스나 박테리아라면 신체의 면역체계가 모를 리 없으며 바로 반응한다. 하지만 스크래피는 바이러스나 박테리아가 일으킬 수 있는 문제를 전혀 일으키지 않고 침투하는 고도로 세련된 병원체였다. 그렇다면 도대체 이 병원체의 정체는 무엇인가?

트로이의 목마

디킨슨 연구 팀이 얻은 실험 결과에 따르면 보통 바이러스나 박테리아처럼 유전정보를 가진 병원체임이 분명했다. 그렇지 않고서는 그렇게 다양한 계통의 병원체가 나타날 수 없었다. 그럼에도 스크래피 병원체를 바이러스나 박테리아라고 단정할 수 없었던 것은 바로 면역반응의 부재라는 현상을 설명할 수 없었기 때문이다. 하지만 에든버러의 연구 팀은 병원체와 실험쥐의 유전자 사이의 상호작용에서 설명의 근거를 찾기 시작했다.

단순하게 스크래피가 바이러스이고 박테리아라고 할 수 있는 근거가 여러 가지 면에서 취약했다. 첫째, 윌슨을 비롯한 많은 영국 학자들이 수행한 기초연구에서 스크래피 병원체는 박테리아라고 보기에는 그 크기가 너무 작았다. 박테리아가 통과할 수 없는 미세한 필터를 이용한 실험에서도 스크래피 병원체는 간단하게 통과했다. 둘째, 위에서 길게 설명한 것처럼 만일 스크래피 병원체가 바이러스라면 실험쥐 몸속에 존재하는 강력한 면역체계는 외부에서 병원체가 침입하는 즉시 반응을 보였을 것이고 곳곳에서 병원체를 막기 위한 전투를 벌여 그 흔적, 즉 염증을 일으켰을 것이다. 그러나 실험쥐의 면역체계는 스크래피가 자신의 정체를 드러내기 전까지 그 어떤 대응도 하지 않았다.

10여 년간 계속된 오랜 실험을 통해 디킨슨과 그의 연구 팀은 다양한 스크래피 병원체 계통을 발견하고 각각 계통의 잠복기와 병리학적 변화 그리고 숙주의 유전자Sinc, 유전자와의 상호작용에 대한 광범위한 자료를 축적하였다. 이 자료를 통해서 스크래피의 발병 가능성을 예측할 수 있었다. 그리고 1971년에 이들은 축적된 실험 결과를 토대로 병원체가 박테리아나 바이러스와는 다른 무엇이라고 결론짓는다.[52]

1970년대 초에 생명과학과 생물학계에서는 고전적인 박테리아나 바이러스와는 성격이 다른 병원체를 발견했다. 그중 한 가지가 '바이로이드viroid' 다. 이 병원체는 보통 바이러스보다 크기가 작고 단백질이 없으며 단순히 몇 가닥의 핵산으로만 이루어져 있다는 사실이 보고되었다. 그리고 식물세포에 기생하면서 식물세포의 성장과 더불어 자신을 복제하는 힘을 가지고 있었다. 보통 바이러스도 숙주에 침투하여 세포 증식 과정에서 자신을 복제한다. 하지만 일반 바이러스는 바이로이드와는 달리 자기를 복제할 수 있는 정보, 즉 핵산을 충분히 가지고 있어 숙주와는 다른 복제 메커니즘을 가지고 있다. 바이로이드의 발견은 스크래피 병원체가 아마도 바이로이드처럼 새로운 복제 메커니즘을 가지고 있는 병원체일 것이라는 예상을 할 수 있게 하였다.

디킨슨 연구 팀은 스크래피 병원체가 아마도 바이러스와 바이로이드의 중간 정도의 성격을 가진 것으로 예상했다. 특히 유전물질인 핵산이 상대적으로 적으며 이 유전물질을 이용하여 숙주에서 자기복제를 할 수 있다고 주장했다. 그리고 이 유전물질은 숙주의 유전자가 만들어내는 두꺼운 단백질에 싸여 보호된다고 믿었다. 디킨슨 연구 팀은 이러한 구조 때문에 실험쥐의 면역체계가 외부에서 유입된 병원체를 찾지 못하는 것이라고 생각했다. 즉 자신의 몸에서 만들어낸 단백질로 둘러싸여 있기 때문에 면역체계가 병원체를 자신의 일부라고 오인하여 공격하지 않고 통과시킨다는 것이다. 이것은 마치 고대 그리스의 트로이 전쟁에서 그리스 연합군이 트로이 성을 공격하기 위해 자신의 군사를 감출 목적으로 만든 유명한 트로이의 목마와 비슷한 구조다. 그리스 군이 목마에 숨어 트로이 성으로 들어가 트로이를 멸망시킨 것처럼, 외부 병원체인 스크래피는 몸에 침투하여 숙주가 만들어낸 단백질로 자신을 감싸고 잠복해 있다가 세포를 조용히 공격하여 파괴시키는 메커니즘을 갖고 있다는 것이다. 이러한 특이한 모습의 병원체를 디킨슨은 '바이리노Virino'라고 명명했으며 당시 영국의 저명한 생물학자인 피터 메다와Peter Medawar는 이러한 바이리노 이론에 대해 "다른 사람의 단백질이라는 포장지에 둘러싸인 나쁜 소식"이라고 말하기도 했다.[53]

에든버러의 디킨슨 연구 팀이 수행한 실험은 어찌 보면 매우 간단해 보인다. 병원체를 실험쥐에 주입해 일정 기간이 지난 후 증상이 나타나는 시간을 측정하고 죽은 실험쥐를 해부하여 뇌의 변화를 관찰하는 극히 단순한 작업처럼 보일 수 있다. 하지만 디킨슨의 연구는 매우 긴 시간 투자와 재정 지원이 없이는 불가능한 연구였다. 예를 들어 ME7 계통의 병원체를 얻기 위해 실험쥐를 40세대 동안 번식시켜야 했다. 그 이후에 비로소 실험쥐에서 안정적인 병원체를 얻을 수 있었던 것이다. 또한 1960년부터 1972년 사이에 이들은 400회가 넘는 실험을 반복했으며 거의 4000마리의 실험쥐를 사용하여 실험 결과를 얻어냈다. 디킨슨의 바이리노 이론은 1982년 미국의 생화학자인 프루지너 교수가 제기한 프리온Prion 이론이 나오기 전까지 많은 연구자들에게 설득력 있는 이론으로 받아들여졌다. 그럼에도 디킨슨의 주장은 잉글랜드 동물질병연구소의 연구자들의 끊임없는 비판에 부딪쳤다. 잉글랜드 콤튼의 연구자들은 디킨슨과는 다른 방법으로 스크래피 병원체가 기존 생물학적 존재들과는 다른 새로운 병원체라는 획기적인 주장을 제기했다.

5장

불사조 스크래피

우리는 모든 가능성을 열어놓고 실험을 수행했다. 하지만 그 결과를 보면 스크래피 병원체는 유전물질인 핵산이 없을 수 있다는 결론을 내릴 수 있었다. 사실 우리는 이 병원체가 도대체 무엇인지 알 수 없었다. 우리는 이러한 사실을 보고했으며 이러한 사실과 함께 연구 팀은 이 병원체가 면역체계 반응을 전혀 보이지 않고 항체 반응도 보이지 않는다는 사실을 알고 있었다. 그럼에도 이 병원체는 감염력을 가지고 있었다. 그렇다면 도대체 이것은 무엇일까?

슬로 바이러스 혹은 바이리노?

1960년대 초 본격적으로 시작된 실험실 연구를 통해서 과학자들은 스크래피라는 병원체가 갖고 있는 신비하고도 두려운 내면을 들여다볼 수 있었다. 바이러스나 박테리아보다 훨씬 작고 끓이거나 화학물질로 처리해도 죽지 않는 불사조 같은 병원체. 게다가 연구자들을 더욱 혼란스럽게 만든 것은 이 병원체가 일단 침투하면 자신의 모습을 드러내지 않은 채 짧게는 8개월, 길게는 2년 동안 양의 몸속에서 숨어 지낸다는 사실이었다. 그 과정에서 신체의 경찰 역할을 하는 면역세포는 조용히 숨어든 병원체라는 적을 찾아내지 못하고 그저 자신과 같은 세포인 것처럼 오인하고 지나쳐버렸다.

이 문제를 설명하기 위해 에든버러의 디킨슨 연구 팀은 '바이리노virino' 이론을 제안하면서 전통적인 바이러스와는 달리 유전물질을 상대적으로 적게 가지고 있는 이 병원체는 숙주의 몸에 침투하여 숙주의 유전자가 만들어낸 단백질로 자신을 둘러싸고 보호막을 형성하며 마치 숙주의 일부인 것처럼 행동하여 면역세포의 감시망을 뚫고 뇌에 손상을 일으킬 수 있다고 주장했다. 이러한 주장은 약 10여 년에 걸친 광범위한 실험실 연구 결과에 근거한 것으로 병원체의 성격에 대한 새로운 이론을 제기한 것이었다.

또한 디킨슨 연구 팀의 주장은 당시 스크래피의 성격을 둘러싸고 제기된 슬로 바이러스 이론의 연결선상에 놓여 있었다. 디킨슨 연구 팀이 본격적인 연구를 시작하기 약 5년 전인 1954년에 아이슬란드의 생물학자인 비욘 지거드손Bjorn Sigurdsson은 아이슬란드의 목양 산업에 골칫거리였던 리다rida라는 질병을 연구하여 이 질병이 영국이나 유럽에서 발생하고 있던 스크래피와 동일한 질병이라는 사실을 밝혀냈다.[54] 또한 그는 이 질병의 병원체는 발전 과정이 매우 느리고 면역체계를 속일 수 있는 특이한 바이러스라고 주장하면서 이른바 '슬로 바이러스Slow virus'라는 이론을 제기했다. 그의 이론은 광범위하게 받아들여졌으며 디킨슨 연구 팀이 제기한 '바이리노 이론'도 슬로 바이러스 이론과 동일 선상에 놓여 있는 것이라 여겨졌다. 즉 면역체계의 감시를 속이는 위장기술이 바로 숙주의 몸에서 생성되는 단백질로 자신을 보호하는 방안이며 긴 잠복기를 가지는 요체라고 보았다.[55]

방사선 생물학과 스크래피

하지만 이러한 슬로 바이러스 이론은 잉글랜드 콤튼에 위치한 동물질병연구소 연구자들의 강력한 반론에 직면하게 된다. 동물질병연구소는 원래 영국의 농업 및 생명공학 관련 연구를 담당하는 정부기관 농업연구위원회의 부설 실험실이었다. 하지만 미국 농업부의 지원으로 스크래피에 대한 연구비를 지원받으면서 이 실험실은 자체적으로 동물의 질병 연구를 담당하는 연구소로 승격되었다.[56] 이곳에서 진행된 스크래피 연구는 에든버러의 유전학-병리학적 접근과는 상당히 다른 각도에서 진행되었다. 이들은 특히 직접 병원체를 분리하여 가시적으로 병원체의 물리적이고 화학적인 구성물을 알아내기 위한 연구를 시작했다.

특히 이들 연구 팀에서 우리가 주목해야 할 사람은 남아프리카공화국 출신의 여성 방사선 생물학자인 틱바 알퍼Tikvah Alper다. 정치적인 박해를 피해 러시아에서 남아프리카로 이주해온 유태인의 딸로 태어난 그녀는 당시 케이프타운 대학 물리학과에 처음으로 입학한 여성이었다. 그녀는 남아프리카공화국의 인종차별 정책을 반대하면서 독일로 건너가 유명한 핵물리학자 리제 마이트너Lise Meitner의 지도를 받았다. 하지만 1930년대 말 히틀러의 나치 정권이 들어서면서 유태인 물리학자인 마이트너가 박해를 피해 정치적 망명을 하자 유태인인 알퍼 자신도 영국으로 망명할 수밖에 없었다. 영국으로 온 그녀는 케임브리지 대학에서 연구하면서 방사선 연구의 거장인 더글러스 리Douglas Lea와 함께 연구를 수행하게 된다.

케임브리지 대학에서 연구하면서 그녀는 생물체나 세포의 크기를 측정하는 과정에서 방사선이 하는 역할에 관심을 가졌다. 보통 자외선은 생물체에 심각한 손상을 일으킨다. 세포의 크기가 크면 클수록 생물학적 활동을 파괴하는 데 소모되는 자외선의 양은 적어진다. 그 이유는 세포나 조직이 크면 그만큼 쉽게 자외선이 침투할 수 있기 때문이다. 반대로 세포나 조직이 작으면 그 생물학적 활동을 파괴하는 데 사용되는 자외선의 양은 많아진다. 보통 크기가 적은 세포나 조직 또는 핵산은 많은 보호막과 조직에 둘러싸여 있어 적은 양의 자외선이 직접 세포핵까지 도달하지 못하기 때문이다. 알퍼는 이러한 원리를 조직의 크기와 무게를 알아내는 방법에 적용한다. 케임브리지에서 연구를 마친 뒤 그녀는 런던의 해머스미스 병원 Hammersmith Hospital 방사선과에서 연구를 계속하게 된다. 그리고 당시 스크래피 연구를 위한 프로그램이 콤튼에서 시작되면서 그곳의 연구자들은 스크래피 병원체의 크기와 성격을 알아보기 위해 방사선 생물학자인 알퍼에게 협동 연구를 제안한다. 이 협동 연구는 1964년에 시작되는데 콤튼의 연구자들은 실험쥐에 스크래피 병원체를 주입하여 증상이 나타나면 그 뇌조직의 일부를 알퍼에게 보내 방사선 실험을 수행했다. 그 결과 스크래피 병원체의 정확한 크기와 구성 입자의 무게까지도 알 수 있었다.

알퍼와 연구자들은 보통 일반적인 바이러스의 핵산은 자외선에 노출되면 쉽게 파괴되어 그 생물학적 활동력을 잃는다는 사실을 알고 있었다. 그래서 특정한 파장의 자외선에 스크래피 병원체를 노출시켜 병원체가 과연 활동성을 잃는지를 확인하는 실험을 진행했다. 일단 자외선에 노출된 병원체를 다시 런던에서 약 한 시간 정도 떨어진 콤튼으로 옮겨 건강한 실험쥐에게 주입하고 증상이 나타나는지 알아보는 것이 기본적인 실험 과정이었다. 그 결과 한 가지 흥미로운 사실이 밝혀졌다. 자외선에 노출된 스크래피 병원체를 실험쥐에 주입하면 일정한 잠복 기간이 지나 실험쥐가 스크래피 증상을 보이면서 죽는다는 사실이었다. 이것은 두 가지 중요한 사실을 알려줬다. 첫째, 자외선에 노출된 스크래피 병원체는 자외선에 저항할

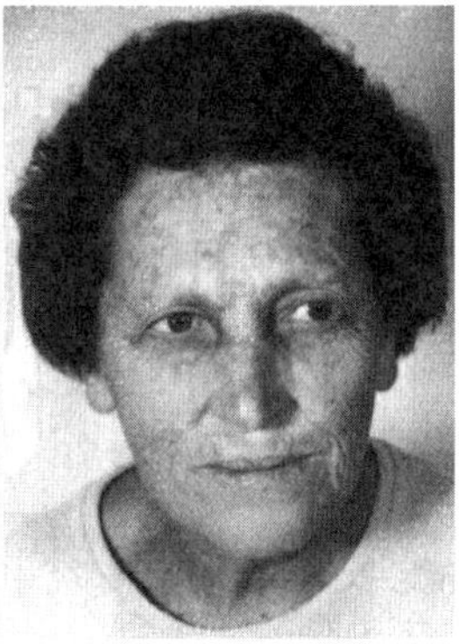

틱바 알퍼(1909~1995)

수 있는 엄청난 힘을 지녔다는 점이다. 이것은 일반적인 바이러스와는 전혀 다른 점이다. 만일 스크래피가 보통 바이러스였다면 다시 실험쥐에 주입했을 때 건강한 실험쥐에게서는 스크래피 증상이 결코 나타날 수 없다. 하지만 결과는 그 정반대였다. 둘째, 보통 자외선은 세포의 핵산 구조를 파괴하여 자기복제 능력을 상실하도록 만들지만, 스크래피 병원체는 자외선에 노출되었음에도 아무런 결코 문제 없이 자기복제 능력을 보존했다는 점이다. 이러한 실험 결과는 연구자들을 혼란에 빠뜨리기에 충분했다. 만일 자외선에 노출된 병원체가 그후에도 감염력을 상실하지 않고 활동한다면 그것은 병원체가 강력한 보호막에 둘러싸여 있거나 아니면 핵산 구조와는 전혀 다른 새로운 구조를 가진 생명체일 수 있었기 때문이다.[57]

알퍼와 연구진은 다시 한 번 이 문제를 해결하기 위해 자외선 노출 정도를 늘리는 실험을 수행했다. 좀더 강력한 자외선에 노출돼야 병원체가 파괴된다면 그것은 병원체가 일반적인 바이러스보다 훨씬 작은 입자를 가졌다는 것을 의미하고 또한 DNA와는 전혀 상관없는 생물체라는 것을 의미한다. 이들은 두 가지 파장의 자외선을 사용했다. 한 가지 자외선 파장은 245mμ로, 이 파장에 노출되면 모든 병균이나 바이러스 또는 박테리아처럼 유전물질인 핵산을 가진 생물체들은 모두 파괴되며 그 감염력을 잃게 된다. 당시 많은 학자들은 245mμ 파장을 핵산 구조의 존재 여부를 파악하는 데 사용하고 있었다. 다른 한 가지 자외선 파장은 280mμ으로, 생물체나 병원체가 만일 단백질을 함유하고 있다면 이 파장에서는 반드시 파괴되어 그 활성을 잃게 된다.

알퍼 연구 팀은 스크래피 병원체를 이 두 가지 파장에 모두 노출한 뒤 다시 실험쥐에게 주입하는 실험을 수행하였다. 그 결과는 예상을 뛰어넘는 것이었다. 245mμ 파장의 자외선에 노출된 스크래피 병원체는 전혀 파괴되지 않았으며 놀랍게도 감염력을 잃지 않고 스크래피 증상을 일으켰다. 그리고 280mμ 파장의 자외선에도 감염력이 아주 약간 떨어지기는 했지만 그 입자가 파괴되었다고 보기에는 힘든 결과를 보여주었다. 이것은 스크래피가 자외선에 견딜 수 있는 엄청나게 강력한 보호막을 가진 물질이거나 아예 핵산이 없는 생물체일 수 있다는 것을 의미했다. 그리고 그 보호막이 단백질로 이루어진 것이라면 280mμ 파장 아래에서 병원체의 활성은 감소했어야 했다. 그러나 결과는 정반대로 활성을 약간 잃었을 뿐 스크래피 병원체는 파괴되지 않았다.

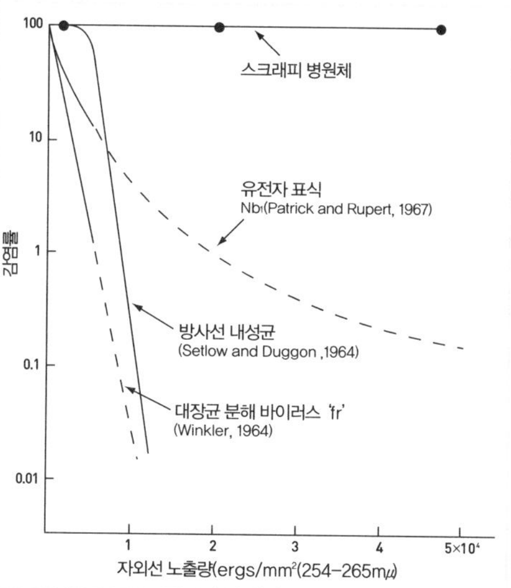

자외선이 스크래피 활성에 미치는 영향(1967년): 그래프 상단에서 볼 수 있는 것처럼 스크래피의 활성에는 아무런 변화가 없다. 하지만 다른 비교대상이 되는 생물체들은 자외선에 노출되었을 때 모두 활성을 잃었다.

당시 알퍼와 함께 연구를 수행한 콤튼의 연구자 마이클 클라크Michael Clarke는 저자와의 인터뷰에서 당시 상황을 이렇게 소개했다. "우리는 모든 가능성을 열어놓고 실험을 수행했다. 하지만 그 결과를 보면 스크래피 병원체에는 유전물질인 핵산이 없을 수 있다는 결론을 내릴 수 있었다. 사실 우리는 이 병원체가 도대체 무엇인지 알 수 없었다. 우리는 이러한 사실을 보고했으며 이러한 사실과 함께 연구 팀은 이 병원체가 면역체계 반응을 전혀 보이지 않고 항체 반응도 보이지 않는다는 사실을 알고 있었다. 그럼에도 이 병원체는 감염력을 가지고 있었다. 그렇다면 도대체 이것은 무엇일까? 정말 우리는 알 수 없었다."[58]

당시 연구자들은 이 실험 결과를 어떻게 해석해야 할지 몰라 혼란에 빠져 있었던 것이 분명하다. 결국 알퍼와 연구진은 1967년에 저명한 학술지인 〈네이처〉 지에 이 문제를 보고하면서 이렇게 결론을 내렸다.[59] "스크래피 병원체는 아마도 DNA를 포함하지 않는 새로운 구조의 병원체일 가능성이 높다." 즉, 스크래피 병원체는 전혀 파괴되지 않는 불사조와 같은 병원체이며 생물학계에 보고되지 않은 전혀 새로운 생물체일 수 있다는 것이었다.

유전학의 중심 가설

여기에서 우리가 한 가지 짚고 넘어가야 할 중요한 문제가 있다. 당시 연구자들이 그토록 혼란스러워하고 완전한 결론을 내리기 어려워했던 것은, 함부로 생물체에 핵산이 없다고 말할 수 없는 속사정이 있었기 때문이다. 20세기에 들어서면서 수많은 생물학자들과 물리학자들은 생명체의 신비를 밝혀내기 위해 노력했다. 당시 많은 학자들은 생명의 기본적인 화학 구조를 알아내기 위해 연구에 박차를 가하고 있었다. 특히 지구 상의 생명체를 구성하는 최소한의 기본 단위가 무엇인지 밝히고 유전정보가 어떻게 만들어지는지 밝혀내는 것은 모든 생물학자들의 꿈이었다. 1930년대부터 본격적으로 시작된 연구자들의 노력은 마침내 1950년대에 그 결실을 맺었다. 영국 케임브리지의 캐번디시연구소Cavendish Laboratory에서 일하던 두 연구자인 제임스 왓슨James Watson과 프랜시스 크릭Francis Crick이 생명체의 기본 단위는 디옥시리보핵산Deoxyribonucleic acid, 즉 핵산에 있다는 사실을 밝혀내었을 뿐 아니라 핵산의 화학적인 구조와 결합 방식을 밝혀냄으로써 많은 과학자들을 괴롭혀왔던 생명체의 기본 단위와 그 생성 과정을 알 수 있게 하였다. 1953년 영국의 저명한 학술지인 〈네이처〉 지에 실린 논문에서 왓슨과 크릭은 DNA의 기본 구조를 밝히면서 동시에 핵산의 이중나선형 결합에 의해 이루어진 유전정보는 리보핵산Ribonucleic acid으로 전달되어 복잡한 단백질로 합성된다는 사실을 보여주었다.[60]

이러한 유전정보 전달 방식에서 왓슨과 크릭의 기본적인 주장은 유전정보는 반드시 한 방향으로만 전달된다는 점이다. 즉, 핵산의 유전정보는 리보핵산으로 그리고 단백질로 전달된다는 점이다. 특히 크릭은 '중심 가설' 이라는 용어를 사용하여 유전정보가 핵산에서 단백질로 흐른다는 것을 강조했으며, 유전정보가 단백질에서 핵산 방향으로는 흐르지 않는다고 주장했다.

핵산(DNA) → 리보핵산(RNA) → 단백질(Protein)

즉, 유전정보는 단백질에서 리보핵산 그리고 핵산 방향으로 전달될 수 없다는 것이다. 지구 상의 모든 생물체의 유전정보는 핵산에서 기원할 뿐이며 그 외의 다른 방식으로 유전정보가 생성될 수 없다고 이들은 주장했다. 이러한 원칙이 바로 유전학의 중심 가설

Central Dogma of Molecular Biology이라고 불리는 것이다.[61] 왓슨과 크릭의 발견 이후 유전학 중심 가설은 생명과학과 분자생물학의 기본 원칙이 되었다.

바로 이러한 중심 가설로 인해 알퍼와 그녀의 연구진이 발견한 실험 결과는 더욱더 이들을 혼란스럽게 만들었다. 알퍼의 방사선 생물학적 방법을 사용한 실험에 따르면 스크래피 병원체의 자기복제 방식은 핵산의 유전정보와는 전혀 상관이 없어 보였다. 보통 핵산의 존재를 직접 확인할 수 없을 때는 자외선을 이용한 방법이 핵산의 존재와 그 구조를 알아낼 수 있는 최상의 방법이었다. 대부분의 바이러스와 박테리아를 포함한 생물체들은 자외선에 노출되면 핵산이 파괴되어 생물학적 기능을 잃었다. 그렇지만 스크래피 병원체는 이러한 원칙을 벗어난 새로운 생물체처럼 기능하고 있었다. 그녀의 연구에서는 스크래피 병원체의 생물학적 활동 과정에 핵산이 전혀 관여하지 않는다는 실험 결과가 나왔다. 하지만 그녀는 간단하게 크릭과 왓슨의 유전학의 중심 가설을 뒤집는 주장을 할 수 없었다.

당시 콤튼 동물질병연구소의 연구자들은 알퍼와 그녀의 연구진이 발표한 결과가 지닌 함의를 잘 알고 있었다. 그리고 이들의 연구 결과에 대한 대담한 해석이 불러일으킬 파장을 잘 알고 있었다. 이 연구소의 연구자들은 알퍼의 연구 결과가 지닌 중요성을 그냥 지나칠 수 없었다. 1968년에 동물질병연구소의 병리학자인 이언 패티슨Iain Pattison과 캐서린 존스Catherine Jones는 자신들의 연구 결과와 함께 알퍼의 연구 결과에 대한 대담한 해석을 내놓는다. 즉 스크래피 병원체는 단순히 바이러스와 같이 핵산을 지닌 생물체가 아닌 "자기복제가 가능한 단백질"이라는 주장이었다.[62] 이 주장은 유전학의 중심 가설을 완전히 무시하는 해석이었다. 중심 가설에 따르면 핵산의 유전정보 없이는 단백질은 결코 자기복제를 할 수 없다. 그러나 알퍼의 연구 결과는 명백하게 병원체의 복제와 확산 과정에 DNA가 개입하지 않았다는 사실을 보여주었다. 이 연장선상에서 패티슨과 존스는 스크래피 병원체가 자기복제를 할 수 있는 단순한 단백질이라고 주장한 것이다. 이들의 주장과 함께 런던의 베드포드 칼리지Bedford College의 수학자 J. S. 그리피스J. S. Griffith는 단백질로 이루어진 스크래피 병원체는 핵산 없이도 유전정보를 스스로 전달하여 복제할 수 있다는 가설을 제기했다. 그의 논문도 〈네이처〉에 게재되면서 생물학계에 큰 파장을 일으키게 된다.[63] 당시 크릭도 이 문제를 언급하면서 "비록 알퍼와 패티슨의 연구가 제기하는 주장은 그럴듯하지만, 현재 분자생물학에 대한 우리의 지식 가운데 단 한 가지의 병원체 세포를 보여주는 실험이 완전히 옳다고 할 수는 없다"고 주장했다.[64]

1967년을 전후로 불거진 스크래피 병원체를 둘러싼 논쟁은 학계에 조그만 파장을 일으킨다. 당시 〈네이처〉 지는 사설에서 알퍼를 비롯한 연구자들이 제기한 '스크래피 병원체의 핵산 부재' 주장에 조심스럽게 접근한다. 〈네이처〉 지는 사설에서 "비록 스크래피 병원체에 핵산이 없다고 하더라고 그 감염 과정과 복제 과정은 세포에서 단백질 합성 과정을 통제하는 중심 가설로 설명할 수 있다고 본다"고 주장했다.[65] 하지만 당시 영국 신문들은 이들의 발견을 대서특필하면서 기존의 생명체와는 전혀 다른 생명체를 발견했다고 보도했다. 예를 들어 저명한 일간지였던 〈선데이 타임스〉 지는 중국에서 일어난 문화혁명에 대한 보도와 함께 "양에서 발견한 신비한 새로운 생명체"라는 제목으로 콤튼 연구자들의 주장을 소개했다.[66] 결국 스크래피 병원체를 둘러싼 논란은 학계에 일파만파로 확산되면서 스크래피 전문가들 사이의 논쟁으로 이어진다.

스크래피 병원체 구성체 논쟁

앞에서 말한 바와 같이 스코틀랜드 에든버러의 학자들은 약 10여년간의 연구를 통해 스크래피 병원체의 성격을 설명할 수 있는 바이리노 이론과 슬로 바이러스 이론을 제기하였다. 이들은 스크래피 병원체가 다양한 질병계통을 갖고 있음을 보여주었다. 질병계통의 다양성은 스크래피의 잠복기와 병리학적인 현상을 통해 다양하게 나타나며 이것은 결국 유전정보의 다양성을 보여주는 것이었다. 이는 비록 스크래피 병원체가 기존 바이러스와는 다른 구조를 가지고 있지만, 알퍼나 영국의 다른 연구자들이 주장하듯이 간단히 핵산이 존재하지 않는다고 말할 수는 없다는 것을 의미한다.

반면에 알퍼와 동물질병연구소의 동료들은 다양한 연구를 통해 스크래피 병원체에 핵산이 존재하지 않는다는 점을 보여주었다.

이처럼 상반되는 주장은 1967년부터 1970년대 초까지 지속되었으며 폭발적인 논쟁으로 이어졌다. 일부 연구자들은 알퍼가 수행한 연구를 자신들의 실험실에서 재현하면서 그 실험 결과의 타당성을 다시 확인하기도 했지만 핵산이 없다고 주장하는 것은 과장된 주장이라고 비판하기 시작했다.

디킨슨은 학회에서 네댓 차례에 걸쳐 이뤄진 알퍼와의 논쟁을 뚜렷하게 기억하고 있었다. 그는 "우리는 네댓 차례 학회에서 서로의 주장을 발표하였다. 이 과정에서 알퍼는 스크래피 병원체에는 핵산이 없다는 사실을 입증했다고 강조했다. 그리고 나는 그녀의 주장에 맞서 핵산을 발견할 수 없는 구조이거나 핵산에 대한 우리의 지식이 확대되어야 한다는 반론을 제기했다. 그때마다 알퍼는 나를 플로지스톤 디킨슨Phlogiston Dickinson이라고 비꼬았다"고 주장했다.[67] 알퍼에게 스크래피 병원체는 마치 불사조처럼 파괴되지 않는 슈퍼 병원체였다. 알퍼는 이러한 가공할 만한 힘은 핵산에서 나오는 것이 아니라 단백질의 정보 전달 능력에서 찾을 수 있다고 믿었다. 알퍼와 동료 연구자들의 이러한 주장은 자신들의 실험 연구에서는 결코 모순되지 않는 일관성 있는 결론이었다. 그녀의 실험 결과에서는 핵산의 기능을 전혀 찾을 수 없었기 때문이다.

반면 디킨슨의 연구 팀이 수행한 연구에서는 기본적인 유전정보를 가진 핵산의 존재가 필수적인 요소였다. 디킨슨의 유전학 연구에서 유전정보의 다양성은 거부할 수 없는 사실이었다. 이처럼 알퍼와 디킨슨 연구 팀은 각각 자기 완결적인 실험체계를 통해 전혀 상반된 결론을 내리고 있었다. 더구나 이러한 상반된 결론은 협상의 여지가 전혀 없었다. 1970년대 초 스크래피 연구에는 전 세계에 걸쳐 손가락으로 꼽을 수 있을 정도로 소수의 연구자들만이 참가하고 있었다. 이러한 상황에서 콤튼과 에든버러 연구진은 서로 결코 양보할 수도 후퇴할 수도 없었다.

그럼에도 영국 정부의 연구비를 지원하는 농업연구위원회와 다른 과학자들은 알퍼의 대담한 주장을 함부로 받아들일 수 없었다. 그보다는 좀더 절충적인 설명을 제시한 디킨슨의 주장을 받아들이는 경향을 보였다. 그리하여 연구자들의 주장과 상충되는 결론을 과학적인 증거만으로는 판단할 수 없는 상황에 이르고 말았다. 당시 이들 연구 팀에게 연구비를 지원하고 있던 농업연구위원회는 결국 이들의 논쟁에 개입할 수밖에 없었다. 특히 당시 해럴드 윌슨Harold Wilson 노동당 정부를 대신하여 새롭게 들어선 에드워드 히스Edward Heath 보수당 정부는 영국의 순수과학 연구 분야에 대한 개혁을 추진하고 있었다. 그 개혁의 주요 대상은 바로 농업 관련 생명과학 분야였다. 당시 보수당 정부에서 개혁을 추진하던 주체는 미래에 영국 최초의 여성 수상이 될 마거릿 대처Margaret Thatcher 교육부 장관과 로스차일드 경Lord Rothschild이었다. 1971년에 발표된 「로스차일드 보고서」는 대학과 연구소에서 이루어지는 순수과학연구는 민간 분야의 필요와 요구에 상응하는 실용적인 연구로 전환해야 하며 과학 분야를 민영화해야 좀더 효율적인 연구를 할 수 있다고 주장했다.[68] 「로스차일드 보고서」에 근거한 개혁의 물결은 농업연구위원회의 개혁으로 이어졌다.

당시 민간 분야의 지원을 받아 연구를 수행하던 에든버러 모어던연구소의 연구진은 콤튼의 동물질병연구소의 연구진보다 당시 영국 정부가 추진했던 개혁에 빠르게 적응할 수 있었다. 콤튼의 연구자들은 자신들의 순수 연구 과제를 실용적인 목적으로 전환하는 데 전혀 관심을 기울이지 않았다. 반면 에든버러 연구진들은 이미 스크래피를 인간에게 나타나는 신경질환인 다발성 경화증Multiple Sclerosis과 연관지어 민간분야에서 연구비를 지원받고 있었다. 이처럼 좀더 실용적인 연구에 집중하고 있던 에든버러 연구 팀은 새로운 농업연구위원회의 원칙에 부합했으며 이들이 주장하는 슬로 바이러스 또는 바이리노 이론은 기존 생물학자들의 원칙에서 크게 벗어나지 않았다. 이러한 이유로 농업연구위원회는 알퍼와 동료 연구자들에 대한 연구비 지원을 중단하는 결정을 내린다. 이렇게 알퍼의 급진적인 이론은 학계에서 자연스럽게 퇴출되고 말았다. 이후 알퍼는 다시 해머스미스 병원에서 은퇴할 때까지 다른 연구를 수행할 수밖에 없었으며 콤튼의 많은 스크래피 연구자들은 연구를 중단하거나 은퇴할 수밖에 없었다. 반면에 영국 의학연구위원회Medical Research Council와 농업연구위원회는 공동으로 에든버러에 스크래피를 비롯한 신경질환을 연구하기 위한 신경병리발생연구소Neuropathogenesis Unit를 설립하였다.[69]

흔히 과학사에서 과학적인 의견을 달리하는 과학자들 사이의 논쟁은 대부분 결정적인 실험 결과나 우세한 이론 제기를 통해 종결된다. 하지만 스크래피 병원체의 성격을 둘러싼 논쟁은 그 질병의 특이성처럼 매우 특이하게 종결된다. 실험 증거와는 관계없이 외부의 개입으로 논쟁이 종결된 것이다. 하지만 1960년대와 1970년대 영국에서 벌어진 과학자들의 치열한 연구와 논쟁은 여기에서 끝나지 않는다. 이들의 논쟁은 1980년대 미국과 영국에서 더욱 확대되어 일어난다. 프리온Prion 논쟁이 바로 그것이다.

6장

첫 번째 노벨상

칼턴 가이듀섹

쿠루 병원체를 주입한 이후 2년이 지나도록 침팬지들은 아무런 반응을 보이지 않고 정상적인 생활을 하고 있었다. 그러던 중 1965년 6월 28일 침팬지 조지트가 갑자기 미세한 변화를 보이기 시작했다. 갑자기 차가운 바람에 노출된 것처럼 떨기 시작했으며 활동력이 급격히 떨어져 구석에 앉아 있기 시작했다. 그리고 이후 4개월 동안 조지트에게 나타난 변화는 가이듀섹이 파푸아뉴기니에서 관찰한 쿠루 환자들의 모습과 흡사했다. 특히 몸을 떨거나 균형을 잃었으며, 활동성이 급격히 저하되고 아랫입술이 완전히 떨어지면서 입을 벌린 상태가 되고 말았다.

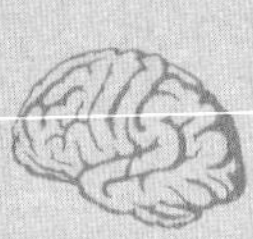

스크래피와 쿠루—동일한 질병?

영국에서 스크래피에 대한 연구가 본격적으로 시작된 것은 1960년대 초 미국 농업부가 자국에서 스크래피가 확산되는 것을 막고 스크래피를 연구하기 위해 영국의 연구자들을 지원하면서부터다. 당시 미국 농업부는 국립보건연구원 소속 알레르기 및 전염병 연구소National Institute of Allergy and Infectious Disease의 바이러스 연구자 윌리엄 해들로William Hadlow를 영국 동물질병연구소에 파견하여 스크래피 연구를 수행하도록 하였다. 1958년 영국에 도착한 해들로는 콤튼에서 영국 스크래피 연구자들과 함께 스크래피 병원체 연구에 참여하게 된다. 해들로는 런던의 웰컴 트러스트Wellcome Trust 과학박물관에서 파푸아뉴기니의 쿠루 질환에 대한 사진전시회가 열린다는 소식을 듣고 런던으로 달려간다. 그곳에서 그는 거대한 쿠루 환자의 뇌 해부 사진을 보게 되었다. 이 해부 사진에서 나타난 뇌의 변화를 본 그는 큰 충격에 빠졌다. 쿠루에 걸려 죽은 환자의 뇌는 구멍이 난 것처럼 스펀지 형태로 변해 있었는데, 그것이 바로 스크래피의 전형적인 모습이었기 때문이다.[70]

콤튼으로 돌아온 해들로는 스크래피에 걸린 양의 뇌와 쿠루에 걸린 환자의 뇌를 비교한다. 그는 지구 정반대편에 위치한 파푸아뉴기니에 살고 있는 사람에게서 양에게서 발생하는 질병이 발생했다는 점에 주목했다. 그는 바로 저명한 의학지인 〈랜싯Lancet〉 지에 편지를 보내 스크래피와 쿠루의 병리학적 패턴이 놀랍도록 유사하며 이 질병을 동일한 신경질환으로 분류해야 한다고 주장했다.[71] 비록 스크래피와 쿠루는 양과 인간이라는 전혀 다른 포유류에게서 발생한 질병이었지만 그 질병의 발전과 병리학적 변화에서 거의 완벽한 유사성을 보여주고 있다는 것이 그의 주장이었다.

이러한 해들로의 주장이 실린 〈랜싯〉 지를 본 쿠루 연구자 가이듀섹은 해들로가 주장한 스크래피와 쿠루 사이의 유사성에 놀라워하면서 스크래피의 실험실 연구가 쿠루를 이해하는 데 도움이 될 수 있을 것이라고 생각했다. 인간을 대상으로 한 실험 연구, 특히 쿠루 질환을 앓고 있는 사람들에 대한 통제실험은 기본적으로 불가능했다. 왜냐하면 쿠루를 일으키는 병원체에 대한 실험을 수행하기 위해서는 병원체를 실험 동물에 전이시켜 실험실이라는 통제된 공간에서 수행할 수밖에 없었기 때문이다. 양과 염소에게서 발생하는 스크래피에 대한 실험실 연구 모델은 가이듀섹의 연구 계획에 새로운 가능성을 열어주는 계기가 될 수 있었다.

가이듀섹과 쿠루

여기에서 우리는 가이듀섹이라는 인물에 대해 주목할 필요가 있다. 이미 앞에서 쿠루 질환을 소개할 때 잠깐 가이듀섹에 대해 언급했지만 그는 평생을 쿠루와 스크래피 질환의 성격을 규명하는 데 바친 연구자다. 하버드 의대를 졸업한 그는 영재로 취급받던 젊은 연구자였다. 그가 영재 취급을 받은 데는 주변에서 그를 도와준 교수들의 영향이 더 컸을 것으로 보인다. 그의 이력을 보면 그러한 사실을 간단하게 알 수 있다. 가이듀섹은 하버드 의대를 졸업한 후 캘리포니아 공과대학에서 노벨상을 수상한 유명한 물리화학자인 막스 델브루크Max Delbruck와 단백질 구조를 규명하여 노벨상을 수상한 라이너스 폴링Linus Pauling 밑에서 화학을 공부한 후 다시 하버드 의과대학으로 돌아가 바이러스학과 소아질환을 전문적으로 연구했다. 당시 하버드 의과대학에서 그를 지도한 사람은 소아마비 바이러스를 성공적으로 실험실에서 배양하여 소아마비 치료에 길을 연 노벨의학상 수상자 존 엔더스John Enders였다.

하버드 의과대학에서 미생물학을 전공한 가이듀섹은 1951년에 미국에서 기초의학 분야 연구를 관장하는 국립보건연구원National Institutes of Health으로 자리를 옮겨 '원시 부족 어린이의 건강 상태와 성장 그리고 질병 패턴에 대한 연구'를 수행하기 시작한다. 당시 그의 연구 주제는 너무 폭넓고 구체적이지 않아 그의 연구 프로젝트에 의문을 제기하는 사람들이 많았다. 하지만 당시 국립보건연구원의 모든 프로젝트를 관장한 조지프 스마델Joseph Smadel은 가이듀섹의 연구가 불러올 수 있는 가능성을 믿고 그의 연구를 적극 후원해주었다.[72] 그는 의학자임에도 마치 인류학자처럼 전 세계의 각국을 돌아다니면서, 특히 저개발 국가 어린이들의 성장 상태와 질병에 대한 자료를 수집했다. 1952년에서 1954년 사이에 그는 공수병, 페스트, 뇌염을 일으키는 절지동물 매개 바이러스arbovirus를 연구하기 위해 이란과 아프가니스탄, 터키를 여행하고 남아메리카 지역, 뉴브리튼 New Britain 섬, 파푸아뉴기니를 여행하면서 이들 지역의 바이러스와 질병에 관한 자료를 수집하였다. 또한 흥미롭게도 전쟁 중인 한국을 방문하여 뇌출혈 관련 자료를 수집하고 미국으로 돌아갔다.[73] 그리고 1955년에 그는 호주의 노벨의학상 수상자인 맥팔레인 버넷 MacFarlane Burnet의 초청으로 멜버른의 의학연구소인 월터 앤드 엘리자 홀 의학연구소Walter & Eliza Hall Institute of Medical Research에서 독감 바이러스의 유전적 연구와 전염성 간염 바이러스에 대한 연구를 수행하기 시작했다. 그러다가 1957년 소아질병에 대한 자료를 수집하기 위해 호주 관할의 파푸아뉴기니를 방문한다.

그리고 이곳에서 파푸아뉴기니에 확산되고 있는 신비한 질병에 대한 이야기를 듣게 된다. 그는 독일 출신의 젊은 의사인 빈센트 지가스와 함께 이 질병을 직접 조사하기 시작한다. 가이듀섹과 지가스는 처음에 쿠루라고 불리는 질병에 감염된 환자를 조사하면서 그 질병이 단순히 외부 병원체의 감염으로 인한 질환이라고 보았다. 하지만 만일 외부 병원체의 감염에 의한 질환이라면, 신체의 임파선과 면역체계는 외부에서 침입한 적으로부터 자신을 보호하기 위한 반응을 보여야 한다. 이미 앞에서 언급한 바와 같이 임파선과 면역체계의 반응은 염증과 열병으로 나타나며 임파세포의 증가로 척추와 뇌에 물리적인 변화가 일어난다. 하지만 놀랍게도 쿠루 환자들은 이러한 증상을 전혀 보이지 않았다. 기존의 질병 분류에 전혀 일치하지 않는 질병이었다. 그는 호주로 돌아가는 대신 그가 속한 국립

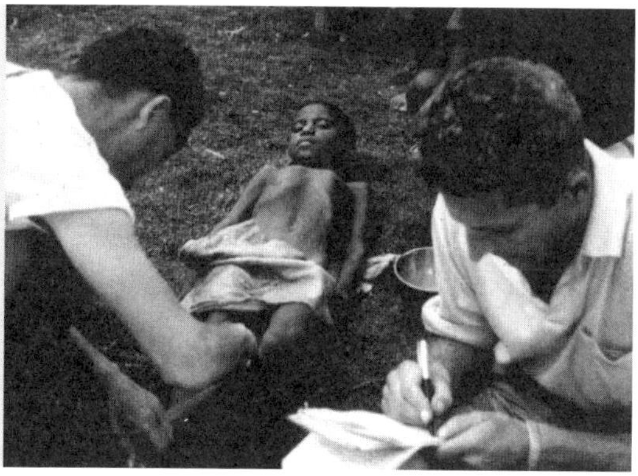

1957년 쿠루 환자를 치료하고 있는 가이듀섹(왼쪽)과 지가스(오른쪽)

보건연구원에 연락을 취해 자신은 파푸아뉴기니에 머물면서 이 질병을 좀더 자세히 연구할 것이라고 알렸다. 이렇게 시작된 쿠루 질환과 가이듀섹의 인연은 그후로 40년 동안 지속된다.

가이듀섹은 파푸아뉴기니에서 쿠루 환자들과 사망자의 뇌 샘플을 조사하였으며 샘플을 미국으로 보내 더욱더 자세한 조사를 의뢰하였다. 당시 매릴랜드 주의 베데스다Bethesda에 위치한 국립보건연구원 원장이었던 스마델은 이 샘플을 미국 쪽에서 연구할 연구원들을 모아 연구 그룹을 꾸렸다. 이 그룹은 중추신경시스템연구소Laboratory of Central Nervous System Studies로 명명되었다. 특히 스마델은 가이듀섹의 샘플을 연구할 수 있는 신경병리학자 이고르 클라초Igor Klatzo를 영입하여 뇌 샘플의 병리적인 현상을 연구하도록 했다. 이 과정에서 클라초는 가이듀섹이 보내온 뇌 샘플에서 감염이나 염증이 나타난 흔적을 전혀 볼 수 없으며 더군다나 다양한 뇌 구조에 확산된 병리적인 현상으로 볼 때 지금까지 알려진 유전병과도 다르다고 주장했다. 즉 뇌 샘플에 나타난 질환은 기존의 전염병 또는 감염에 의한 질환이나 유전적인 질환이 아닌 제3의 질환이라고 주장한 것이다. 당시 학자들은 이처럼 질병에 대한 기본적인 이해가 어려우면 어려울수록 신비한 질병에 더욱더 매달렸다.

1959년에 이르러 가이듀섹은 파푸아뉴기니의 오지에서 발생하는 질병이 영국과 유럽에서 지난 200년 동안 동물에게서 발생한 질병과 매우 유사하다는 사실을 알게 되었다. 영국에 파견되어 양과 염소의 스크래피에 대한 연구를 하고 있던 해들로의 주장이 세계적인 의학지인 〈랜싯〉 지에 실리면서 가이듀섹은 스크래피라는 질병의 존재에 대해 알 수 있었던 것이다.

그리고 더욱더 가이듀섹을 흥분시킨 것은 〈랜싯〉 지에 실린 논문에서 해들로가 주장한 한 가지 사실이었다. 즉 연구를 통해서 스크래피가 양과 양, 또는 염소와 염소 사이에서 실험적으로 전이가 가능하다는 사실이었다. 이미 스크래피 병원체가 실험동물에 전이되었다는 사실은 가이듀섹 자신의 연구에 엄청난 영향을 미칠 수 있었다. 당시 가이듀섹과 그의 동료들은 쿠루가 감염에 의해 일어나는 질환인지 아니면 단순히 유전적인 요인으로 인해 발생하는 유전병인지조차 파악하지 못한 상태였다. 하지만 만일 이 질병이 영국이나 유럽에서 창궐하고 있는 동물 질환과 그토록 유사하다면 쿠루도 실험적으로 전이될 가능성이 있었기 때문이다. 그리고 이러한 전이 가능성을 실험적으로 보여준다면 이 질병이 전염병이라는 사실을 밝힐 수 있으며, 그 질병의 감염 경로를 좀더 쉽게 찾아내는 방법을 알아낼 가능성이 열리는 것이었다.

가이듀섹은 1959년 워싱턴에서 해들로와 직접 만날 수 있었다. 해들로는 당시 미국에 확산되고 있던 스크래피를 없애기 위해 미국 농업부가 추진한 스크래피 박멸 프로그램Scrapie Eradication Program에 자문을 맡아 영국 연구자들과 함께 미국으로 돌아와 있었다. 가이듀섹은 영국의 스크래피 연구자들을 만나 그동안 영국 연구자들이 이룬 연구 성과에 대해 설명을 듣고 스크래피 관련 정보를 수집하기 시작한다. 그리고 이듬해 그는 파푸아뉴기니에서 연구하던 도중에 영국과 아이슬란드를 방문한다. 가이듀섹은 당시 영국의 에든버러와 콤튼의 스크래피 연구 팀을 방문하고, 아이슬란드의 켈두에서 연구하고 있는 지거드손과 그의 동료들을 직접 방문하여 연구방법 및 실험용 샘플을 수집한 후 워싱턴으로 돌아온다.

당시 영국 연구자들이 실험동물을 이용하여 얻은 스크래피 병원체 샘플은 다른 연구자들에게는 매우 귀중한 자료였다. 물론 현대 과학연구에서 연구용 샘플이나 연구 결과와 관련된 일차 자료를 무상으로 제공하거나 교환하는 일은 이제 찾아볼 수 없지만, 당시 스크래피 연구자들은 일차 자료 및 실험 샘플을 다른 연구자들에게 보내 공동 연구를 촉진하고 활발하게 연구 성과를 논의했다. 이미 미국에서 콤튼에 파견되어 연구했던 해들로는 1961년 미국 몬태나 주의 로키산맥연구소Rocky Mountain Laboratory로 돌아와 스크래피 연구를 시작하면서 가장 기본적인 연구 밑천이라고 할 수 있는 실험용 샘플, 즉 스크래피 병원체를 영국 콤튼에서 받아 사용했다. 로키산맥 계통RML strain으로 알려진 이 병원체 샘플은 이후 미국 연구자들의 스크래피 연구에서 가장 중요한 역할을 하는 연구 샘플이 되었다. 가이듀섹도 당시 콤튼 연구소에서 샘플을 몰래 자신의 실험실로 들여왔다. 물론 아무런 신고없이 병원체를 들여오는 것은 국립보건연구원의 규정을 위반하는 행위였다. 그렇지만 쿠루와 스크래피를 연구하는 그에게 스크래피 병원체 샘플은 절실하게 필요한 연구 기초 자료였다.

가이듀섹은 스마델의 강력한 후원을 받아 파푸아뉴기니의 오지에서 발생하는 신비한 질병의 성격을 알아낼 수 있는 가장 효율적인 실험방법을 찾게 된다. 지금까지 영국의 스크래피 연구자들이 실험동물 중 가장 작고 효율적인 실험쥐를 주로 사용해왔다는 사실은 이미 언급한 바 있다. 하지만 인간에게서 나타나는 질병을 통제된 실험 상황에서 보기 위해서 실험쥐를 사용하는 것은 그다지 매력적인 방법이 아닐 수 있다. 가이듀섹은 워싱턴 출신의 바이러스학을 전공한 클레런스 조지프 기브스Clarence Joseph Gibbs Jr.를 고용하여 동물실험을 총괄하도록 했다. 이후 40년 동안 기브스는 가이듀섹 그룹과 함께 그가 죽는 2001년까지 쿠루와 연관된 질병을 연구하게 된다. 가이듀섹과 기브스는 인간의 신경질환을 알아보는 데 가장 효율적인 방법은 원숭이를 이용하는 것이라는 데 합의했다. 그리고 쿠루질환을 원숭이에게 전이시켰을 때 증상이 나타나는지, 그 질병의 형태는 어떠한지 확인하기 위한 연구를 시작한다.

침팬지 조지트

이미 영국 연구자들은 스크래피 연구를 통해서 이 질병이 모든 양이나 실험쥐에게 일정하게 감염되는 것이 아니라는 사실을 알아냈다. 특정한 종의 양은 다른 종보다 훨씬 스크래피에 쉽게 걸린다는 사실을 밝혀낸 것이다. 가이듀섹과 기브스는 만일 동일한 원칙이 영장류에게도 적용된다면 쿠루 병원체를 침팬지에게 주입했을 때 어떤 경우에는 더 빠르게 증상이 나타날 수 있다고 생각했다. 이러한 가설을 바탕으로 그들은 영장류에게 쿠루 병원체를 주입하기로 결정했다. 가이듀섹과 기브스는 영장류가 인간과 유전적으로 가장 가까운 동물이기 때문에 쿠루에 대한 반응을 연구하는 데 가장 이상적인 동물 모델이라고 생각했다. 물론 영장류를 실험동물로 사용하는 것에는 많은 어려움이 있었다. 특히 영장류는 인간과 유전적으로 너무 가까워 실험동물로 사용하기에는 문제가 있을 수 있었다. 그러나 포레족에게서 확산되고 있던 쿠루는 최고점에 달해 포레족의 삶을 완전히 파괴하고 있었다. 당시 포레족 부락에는 여성들이 사라지고 없었다. 쿠루의 가장 큰 피해자가 여성들과 어린이들이었기 때문이다. 이러한 이유로 영장류에 대한 실험을 미룰 수 없는 상황이 되었다.

1963년에 세 마리의 침팬지에게 가이듀섹이 파푸아뉴기니에서 보낸 쿠루 환자의 뇌 샘플을 뇌에 직접 주사하였다. 물론 샘플을 주입하자마자 바로 그 증상을 보인 것은 아니다. 양의 경우 스크래피의 잠복기는 평균 2년 정도이고 실험쥐라고 하더라도 180일 정도를 기다려야 첫 증상이 나타나기 마련이었다. 당시 가이듀섹과 기브스는 파푸아뉴기니에서 일어나고 있는 끔찍한 질병이 전염병인지 유전병인지, 전염병이라면 그 잠복기가 얼마나 되는지에 대한 기초 지식조차 없었다. 이들이 동물실험을 시작한 것은 단순히 뇌의 변화 형태가 스크래피와 극히 유사하다는 점과 스크래피에 대한 실험실 연구가 보여준 과학적 성과에 근거한 것이었다.

가이듀섹이 이처럼 동물실험 모델에 집착한 것은 단순히 쿠루라는 질병의 성격을 파악하기 위한 것만은 아니었다. 쿠루는 파푸아뉴기니의 오지에서 확산되고 있던 지역적인 질병에 불과했다. 하지만 영국과 미국, 호주, 그리고 뉴질랜드 등지에 확산되고 있던 스크래피와 같은 동물 신경질환은 인간에게서 발견되는 다른 질병을 이해하는 데 큰 도움이 될 수 있었다. 예를 들어 당시 과학자들은 다발성 경화증Multiple Sclerosis이나 다양한 종류의 뇌염encephalitis에 대해 많은 것을 밝혀내지 못하고 있었다. 가이듀섹은 이러한 다양한 인간 신경질환을 이해할 수 있는 열쇠가 바로 쿠루나 스크래피에 있다고 믿었다.

이러한 믿음은 1964년 조직한 대규모 학회에 참석한 이들에게서도 엿볼 수 있다.[74] 워싱턴에서 개최된 이 학회에는 당시 영국의 내로라하는 스크래피 연구자들과 로키산맥연구소의 해들우, 미국에서 스크래피 박멸 프로그램을 추진하고 있었던 짐 후리건Jim Hourrigan, 가이듀섹과 기브스, 클라초, 그리고 새롭게 가이듀섹 팀에 영입된 폴 브라운Paul Brown등이 참가하였다. 이들은 쿠루와 스크래피에 대한 연구성과뿐 아니라 당시 문제가 되고 있었던 다른 동물 신경질환인 밍크 알류산 질환Aleutian Disease in Mink과 뇌염 그리고 다발성 경화증에 대해 논의하였다. 당시 가이듀섹의 연구소에서 쿠루의 발생 현황을 연구하고 있었던 마이크 알퍼스Mike Alpers는 이 학회에서 파푸아뉴기니에서 확산되던 쿠루가 어린이에게서는 더 이상 발생하지 않는 경향을 보인다고 언급했다. 이것은 1950년대 말 호주 당국이 식인 풍습을 완전히 금지한 후 일어난 변화로 쿠루 질병의 발생과 식인 풍습 사이의 연관성을 보여주는 최초의 증거였다. 그럼에도 가이듀섹은 쿠루와 식인 풍습 사이의 연관성을 완전히 인정하는 입장은 아니었다. 당시 식인 풍습이 쿠루 질환을 일으킨 원인이라는 완벽한 과학적인 증거가 없었으며, 더구나 이렇게 외부 요인으로 인해 감염됐다면 마땅히 환자의 신체는 면역반응을 보여야 했는데 그런 징후를 전혀 발견할 수 없었다. 그럼에도 알퍼스의 연구 결과는 일정 정도 식인 풍습과 쿠루 사이의 연관성을 역학적으로 보여주었기 때문에 가이듀섹도 조심스럽게 그 가능성을 인정하지 않을 수 없었다.

식인 풍습이 질병의 발생과 연관된다는 것은 분명 이 쿠루라는 질병이 감염성을 가진 질병이라는 결론으로 이어진다. 하지만 앞에서 언급했듯이 어떻게 감염이 일어나면서도 전혀 그 흔적을 찾을 수 없는가라는 의문이 과학자들을 혼란스럽게 했다. 과학자들에게 쿠루는 아무런 흔적도 없이 조용히 문이 꽁꽁 잠긴 집에 들어와 집주인을 죽이고 사라진 살인자와 같았다. 가이듀섹과 기브스에게 유일한 희망은 쿠루 샘플을 주사한 침팬지였다. 하지만 1963년에 처음으로 쿠루 병원체를 주입한 이후 2년이 지나도록 침팬지들은 아무런 반응을 보이지 않고 정상적인 생활을 하고 있었다.

그러던 중 1965년 6월 28일 침팬지 조지트가 갑자기 미세한 변화를 보이기 시작했다. 갑자기 차가운 바람에 노출된 것처럼 떨기 시작했으며 활동력이 급격히 떨어져 구석에 앉아 있기 시작했다. 그리고 이후 4개월 동안 조지트에게 나타난 변화는 가이듀섹이 파푸아뉴기니에서 관찰한 쿠루 환자들의 모습과 흡사했다. 특히 몸을 떨거나 균형을 잃었으며, 활동성이 급격히 저하되고 아랫입술이 완전히 떨어지면서 입을 벌린 상태가 되고 말았다. 그리고 그해 9월과 10월에 들어서면서 조지트는 먹고 마시는 능력을 상실했다.

그리고 10월 28일 가이듀섹과 기브스, 그리고 영국에서 연구에 합류한 엘리자베스 벡Elizabeth Beck은 조지트를 마취한 후 아무런 고통 없이 죽이고 해부하기 시작했다. 침팬지 조지트의 뇌를 비롯한 모든 기관을 분리하였다. 이미 영국에서 스크래피 연구를 하기 위해 스크래피에 걸린 양 34마리의 뇌를 해부한 경험이 있는 벡은 조지트의 뇌를 가지고 런던으로 돌아가 뇌를 미세한 두께로 자른 후 현미경으로 그 변화를 관찰했다. 그리고 마침내 그녀는 조지트의 뇌에서 나타난 변화가 쿠루에 걸린 환자의 뇌 변화와 전혀 차이가 없이 동일하다는 사실을 발견했다. 그녀는 침팬지 조지트의 뇌에 대한 조사 결과를 다음 해인 1966년 〈랜싯〉 지에 보고했다.[75] 여기에서 그녀는 침팬지 조지트의 뇌 신경세포가 광범위하게 파괴되었으며 스폰지

침팬지 조지트의 모습

형태로 변했다고 보고했다. 또한 가이듀섹 그룹은 이와 같은 연구 성과를 종합하여 침팬지의 뇌에 나타난 쿠루와 같은 질환은 결국 유전병이라기보다는 전염성 질환이라는 사실이 드러났다고 영국 학술지인 〈네이처〉 지에 보고했다.[76]

전염성 해면상뇌증과 노벨의학상

가이듀섹 그룹의 연구 성과는 결국 파푸아뉴기니에서 발생한 신비한 질병의 기본적인 성격을 규명하면서 좀더 세부적인 연구를 가능케 하였다. 즉, 쿠루가 동물에 전이된다는 것을 보여준 것은 이 질병이 전염성 질환이라는 것을 알려주는 것이며, 알퍼스가 연구하고 보여준 바와 같이 쿠루라는 질병의 원인이 포레족의 식인 풍습과 긴밀한 연관성이 있음을 보여줬다. 더구나 당시 포레족이 살고 있던 지역에 들어가 연구를 한 부부 인류학자 로버트 글라스와 셜리 린덴바움도 인류학적 연구를 통해서 포레족의 식인 풍습을 논의하면서 가이듀섹의 연구가 보여준 연관성을 더욱 확실하게 보여줬다.[77]

쿠루를 실험동물인 침팬지에게 전이하는 실험을 성공시킨 가이듀섹은 영국에서 크로이츠펠트야코프병으로 사망한 환자의 뇌 샘플을 다시 침팬지에 주입하는 실험을 수행하게 된다. 1964년 미국 농업부가 주관하고 가이듀섹 그룹이 중심이 된 학회에서 스크래피와 쿠루가 중요한 논의 대상이 된 반면 크로이츠펠트야코프병은 상대적으로 간과되었다. 그리고 크로이츠펠트야코프병과 스크래피와 쿠루 사이의 유사성을 논의한 연구는 거의 이루어지지 않았다.

하지만 1965년 쿠루의 침팬지 전이 실험에 성공하고 쿠루의 기본적인 성격을 밝힌 가이듀섹은 다른 중추신경 퇴행성 질환인 크로이츠펠트야코프병에 관심을 갖게 되었다. 침팬지에 크로이츠펠트야코프병 샘플을 주입한 후 13개월이 지나자 실험용 침팬지가 이상한 증상을 보이기 시작했다. 하지만 그 증상은 쿠루 환자와 쿠루 병원체를 주입한 침팬지가 보인 증상과는 전혀 달랐다. 크로이츠펠트야코프병 샘플을 주입받은 침팬지는 최면 상태에 걸린 것과 같은 졸린 증상을 보였으며 시각을 완전히 잃는 증상을 보였다. 그리고 3개월이 지난 후 이 침팬지는 생명을 잃었다. 이후 연구자들은 그 뇌에 대한 조사를 실시했다. 보통 쿠루 질환에 걸린 침팬지와 사람은 모두 소뇌 부분의 신경세포가 손상된다. 이 크로이츠펠트야코프병에 걸린 침팬지도 소뇌 부분이 손상됐다. 그뿐 아니라 대뇌피질 상단 부분에 손상이 나타났다. 가이듀섹과 그의 연구자들이 수행한 이 동물실험은 최초로 크로이츠펠트야코프병을 침팬지에 전이한 사례로, 이는 크로이츠펠트야코프병도 새롭게 떠오른 신비한 질병의 일원이 되었음을 의미했다.[78]

가이듀섹은 마침내 그동안 파편적으로 이루어졌던 연구를 한곳에 모아 하나의 분과로 통합하는 기반을 마련하였다. 지금까지 사람들에게 알려지지 않았던 일련의 질환들, 예를 들어 스크래피나 쿠루 그리고 크로이츠펠트야코프병을 같은 종류의 질환으로 분류할 수 있음을 보여준 것이다. 특히 그는 이들 질병을 기존의 전통적인 바이러스에 의해 발생하는 질환과는 전혀 다른 비전통적인 바이러스성 질환unconventional viruses 또는 슬로 바이러스 질환으로 분류했다. 1976년 노벨의학상 선정위원회는 아급성 퇴행성 신경질환에 대한 연구 업적을 이유로 가이듀섹에게 노벨의학상을 수여했다. 1950년대 말부터 가이듀섹은 세계의 마지막 파라다이스라고 불리던 파푸아뉴기니에서 일어난 질병을 연구하기 위해 열대산림을 뚫고 원주민들이 살고 있는 지역에 직접 들어가 연구를 수행했으며 우리에게 새로운 질병의 존재와 그 기본지식을 알려주었다. 하지만 이 질병들은 간단히 자신의 모습을 드러내 보이면서 인간에게 항복할 만큼 약한 존재가 아니었다. 이 질병은 한 개의 노벨의학상으로 만족하지 않았다. 앞으로 다루겠지만 전 세계의 과학자들은 이들 질병의 정체를 밝히기 위해 엄청난 노력을 쏟게 되며 이들 질병을 그들의 일생을 건 과제로 삼는다.

7장

프리온

감염성 단백질

프루지너는 프리온을 이렇게 정의하고 있다. “프리온은 작은 단백질로 이루어진 감염성 입자로 핵산을 조작하여 그 활성을 중단시키는 대부분의 화학적 처리 방법에 저항성을 갖고 있다. 프리온이라는 이름은 감염 과정에서 단백질이 필요하다는 점을 강조하는 것이다. 현재 수준의 지식으로는 이 입자 안에 존재할 수 있는 핵산의 존재를 배제할 수는 없다.” 이러한 그의 제안은 프리온이라는 병원체의 성격을 규정하는 주장이라기보다는 이 병원체에 단백질이 존재한다는 사실을 알리는 것이었을 뿐이다.

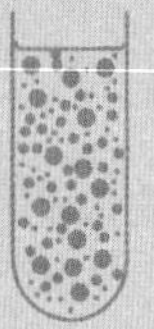

스탠리 프루지너, 연구에 뛰어들다

1950년대 말부터 시작된 스크래피와 쿠루와 같은 중추신경 질환에 대한 연구는 1960년대 실험실 연구를 통해 스크래피와 쿠루, 크로이츠펠트야코프병이 단순히 전형적인 바이러스성 질환도 유전병도 아니라는 사실을 밝혀냈다. 그리고 이들 질병이 각기 전혀 다른 질병이 아니라 매우 유사한 질병이라는 것이 드러나면서 과학자들은 본격적으로 이들 병원체를 찾기 위한 사냥에 나서게 된다.

1960년대 10년에 걸친 장기간의 연구와 노력에도 질병을 일으키는 병원체는 좀처럼 자신의 모습을 드러내지 않았다. 과학자들은 이 병원체가 지나간 흔적을 통해 그 본질을 추측할 뿐 현미경이나 사진을 통해서 실제로 스크래피나 쿠루 그리고 크로이츠펠트야코프병의 병원체를 본 과학자는 아무도 없었다. 앞에서 본 것처럼 연구자들은 실험실 연구를 통해서 스크래피 병원체가 기존 바이러스와는 전혀 다른 속성을 지녔으며 불사조처럼 자외선에도 파괴되지 않는다는 사실을 알고 있었다. 이제 연구자들에게 가장 시급한 과제는 병원체를 완전히 분리하여 연구하는 방법을 찾는 것이었다. 하지만 아직도 매우 소수의 연구자들만이 스크래피와 쿠루 그리고 크로이츠펠트야코프병을 연구하고 있었다.

당시 미국 샌프란시스코의 캘리포니아 대학 의대병원의 새내기 의사였던 스탠리 프루지너는 막 레지던트 과정을 시작하고 있었다. 어느 날 프루지너는 기억력 감퇴와 몸의 균형을 잃는 증상의 여성 환자를 맡게 되었다. 그녀는 나중에 중추신경 퇴행성 질환인 크로이츠펠트야코프병으로 진단받았다. 그런데 이 크로이츠펠트야코프병 환자와의 만남은 프루지너 인생의 전환점이 되었다. 그는 미지의 희귀병인 크로이츠펠트야코프병에 관심을 갖기 시작했으며 당시 의학계에서 이 질병의 치료법이나 진단법이 없으며 질병을 구분하는 기준조차 없다는 사실을 알게 되었다. 그저 크로이츠펠트야코프병은 슬로 바이러스가 일으키는 희귀한 질병으로 동물 질병인 스크래피나 파푸아뉴기니의 오지에서 발생하는 쿠루라는 이국적 질환과 유사하다는 사실만 알려져 있었을 뿐이다. 물론 이 질병의 원인이 되는 병원체도 분리해볼 수 없는 상황이었다. 프루지너는 "이 파악하기 힘든 병원체의 화학적 구조를 알아내는 것은 좋은 연구 주제가 될 수 있다고 생각했다"고 회상했다.[79] 프루지너는 1974년 캘리포니아 주립대학 샌프란시스코UCSF의 신경학과 부교수로 임용되면서 이 신비스러운 질병을 본격적으로 연구하게 된다. 하지만 당시에는 크로이츠펠트야코프병을 직접 연구할 수 있는 실마리가 아무것도 존재하지 않았다. 대신 그는 유럽 연구자들의 연구 전략을 선택하기로 했다. 즉 크로이츠펠트야코프병과 유사한 질병으로 알려진 양의 스크래피에 대한 연구부터 시작하기로 결정했다.

하지만 한 가지 큰 문제가 있었다. 그가 시작한 연구 분야에서 이미 많은 연구자들이 연구를 수행하고 있었고, 자신들만의 방법론과 이론을 구축하면서 병원체를 분리하는 방법과 화학적 구조를 찾기 위해 경쟁하고 있었다.

스크래피를 일으키는 병원체의 성격을 규명해 노벨상을 받은 프루지너

이미 영국 에든버러와 콤튼의 연구자들은 자체적인 방법론과 특화된 전문 분야, 즉 유전학-병리학적 접근과 방사선 생물학과 같은 분야에서 바이리노 이론 또는 핵산 부재 이론을 정립하고 있었다. 또한 미국에서도 쿠루의 전염성을 규명한 국립보건연구원의 가이듀섹 그룹이 그 연구 영역을 쿠루에서 크로이츠펠트야코프병으로 확대하고 있었다. 한때 영국에 파견되어 스크래피 연구를 수행하고 미국으로 돌아온 해들로는 몬태나 주의 로키산맥연구소(정확한 명칭은 국립보건연구원 산하 국립 알레르기 및 전염병 연구소National Institute of Allergy and Infectious Disease)에서 칼 에크런드Carl Eklund와 함께 '스크래피의 병리학적 연구'에서 진전을 보이고 있었다. 게다가 미국 동부의 발달장애기초연구소Institute for Basic Research in Developmental Disabilities, IBR의 연구진들도 영국 에든버러 연구진들과의 협동으로 스크래피의 유전학-병리학적 연구를 수행하고 있었다. 마지막으

로 목축업으로 유명한 위스콘신 주의 위스콘신 주립대학 매디슨University of Wisconsin, Madison 수의학과의 로버트 핸슨Robert Hanson과 리처드 마쉬Richard Marsh는 위스콘신 주 일대에 확산되고 있던 밍크의 뇌장애를 연구하여, 이 질환이 스크래피와 같은 중추신경 퇴화증과 매우 유사하다는 사실을 알아냈으며 이 전염성 밍크 뇌증Transmissible Mink Encephalopathy, TME 연구를 위해 새로운 실험동물 모델을 구축하고 있었다.[80] 이러한 상황에서 프루지너는 이미 이 분야에서 상당히 늦은 후발 주자였으며, 그에겐 자신의 영역을 빠르게 구축하는 것이 가장 시급한 과제였다.

어느 분야에서도 그렇듯이 후발 주자 또는 후발 국가는 발전을 위해서 다른 사람들과는 구별되는 특이한 전략을 사용해야만 선발 주자들을 따라잡을 수 있다. 이는 프루지너에게도 마찬가지였다. 그가 선택한 것은 스크래피에 대한 생화학적 연구였다. 이 분야는 이미 지난 20년 동안 영국의 콤튼과 옥스퍼드 연구진들의 수많은 시도를 통해 그 어려움이 입증된 분야였다. 생화학적 접근은 직접 스크래피의 병원체를 주변 세포들에서 분리하여 그 화학적 구조를 알아내는 방법이었다. 이를 위해서는 먼저 병원체라고 생각하는 것을 분리해야 하며, 그후에 여러 가지 화학적인 실험을 통해 그 구조를 알아내야 한다.

프루지너가 샌프란시스코에 자신의 연구실을 갖게 되면서 처음 시도한 것은 선발 연구자들의 도움을 얻는 것이었다. 당시 샌프란시스코에는 스크래피 병원체 샘플도 없었으며 실험동물도 제대로 갖추어져 있지 않았다. 영국 연구자들의 실험 과정에서도 알 수 있듯이 스크래피를 연구하기 위해서는 엄청난 숫자의 실험동물이 필요했다. 프루지너는 자신의 실험을 위해 로키산맥연구소의 해들로와 협력 연구를 추진한다. 당시 로키산맥연구소의 연구 팀도 자체적으로 병원체를 분리하기 위해 생화학적 접근을 시작하고 있었다. 그리고 이들은 또한 유전적으로 통제된 방대한 수의 실험쥐와 잉글랜드 콤튼에서 입수한 스크래피 병원체 샘플을 보유하고 있었다. 로키산맥연구소는 프루지너에게는 이상적인 연구 협력 파트너였다. 그들이 보유한 실험 자원과 경험, 스크래피에 대한 지식은 후발 주자인 프루지너에게 상당히 매력적이었다. 또한 해들로와 에크런드로서도 신경학자이자 생화학 분야 전문가인 프루지너를 거부할 이유가 없었다. 이들은 프루지너에게 스크래피에 대한 지식과 자신들의 경험을 전수하였다.[81]

당시 로키산맥연구소에서 해들로와 에크런드의 연구에 참여한 바이러스학 전문가 리처드 레이스Richard Race는 필자와의 인터뷰에서 프루지너와의 협력 연구에 대해 이렇게 회상했다. "기본적으로 스탠(프루지너)은 모든 물리화학적 연구를 수행했다. 우리는 실험용 조직을 실험쥐에서 분리하였고 프루지너는 이 샘플을 샌프란시스코로 가져가 실험을 하고 그 결과를 이곳으로 가져왔다. 이 과정에서 우리가 하는 일은 샘플을 다시 실험쥐에게 주사하고 감염이 일어나는지를 알아보는 것이었다".[82]

감염체 분리와 화학 처리 실험

스크래피 병원체는 실험실 연구를 본격적으로 시작한 1960년부터 10여 년이 지나도록 자신의 모습을 드러내지 않고 있었다. 보통 스크래피 병원체라고 생각되는 샘플은 뇌조직과 신경세포 등 여러 가지 조직과 함께 섞여 있어 그것을 분리하는 일이 당시 과학자들에게는 큰 과제였다. 10여 년 동안 잉글랜드 콤튼의 연구자들이 병원체를 분리하기 위해 백방으로 노력했지만 모두 실패로 돌아갔다. 분리한 샘플에서 과학자들은 바이러스나 병원체로 의심되는 그 어떤 조직도 얻어낼 수 없었다.

당시 과학자들은 여러 가지 조직에서 특정한 병원체를 분리하기 위해 원심분리기를 사용하고 있었다. 원심분리기는 원심력을 이용하여 샘플의 구성 물질을 하나하나 분리하는 장비였다. 샘플을 원심분리기에 넣어 빠른 속도로 돌리면 구성 물질이 각기 다른 층으로 가라앉게 된다. 예를 들어 가장 무거운 물질은 먼저 튜브 바닥에 가라앉고 가볍고 크기가 작은 물질은 위에 남게 된다. 이러한 과정을 여러 차례 반복하면 크기가 큰 조직과 크기가 작고 세밀한 조직을 분리할 수 있다.

당시까지 스크래피 병원체는 다른 병원체들과는 달리 매우 작은 것으로 알려졌기에, 이론적으로는 여러 차례 원심분리 처리를 반복하면 최소한의 구성물질이 남을 것이었다. 하지만 가장 크기가 작더라도 튜브 상층에 남는 물질이 스크래피를 일으키는 병원체라고

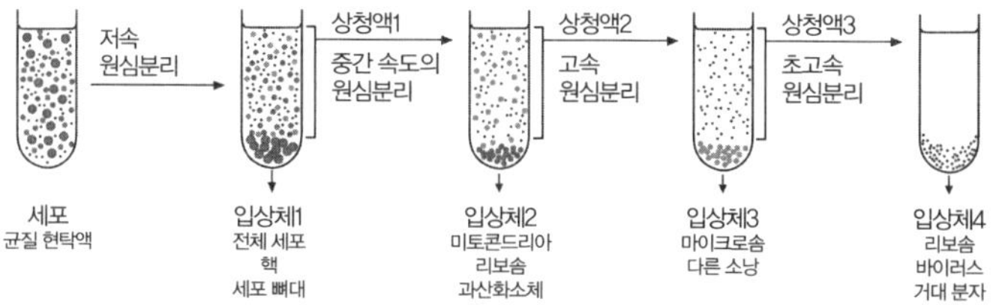

반복적인 원심분리기를 이용한 병원체 분리 방법
세포와 샘플 조직을 고속 원심분리기에 넣어 실험을 하면 차례차례로 그 속도에 따라 가장 무거운 세포와 조직들이 바닥에 가라앉고 가벼운 구성물들이 층위를 이루며 남게 된다. 이러한 과정을 반복하면 가장 순수한 형태의 병원체를 분리할 수 있다.

장담할 수는 없었다. 그 이유는 아무도 그 병원체를 눈으로 본 적이 없었기 때문이다.

그렇다면 어떻게 원심분리를 통해 남은 물질이 병원체라고 확신할 수 있을까? 당시 연구자들은 병원체의 존재를 확인하기 위해 원심분리를 통해 분리된 각 층위의 물질을 차례로 실험쥐에 주입하여 실험쥐가 얼마나 빠르게 스크래피에 감염되는지를 알아보는 방식으로 병원체의 존재를 확인하고 있었다. 이미 미국과 영국의 다른 연구 그룹들도 이 방법을 통해 병원체를 분리해내고 있었다. 하지만 확실하게 몇 번째 원심분리를 거친 샘플이 가장 순수한 병원체인지 확신할 수는 없었다. 즉 이러한 실험은 장기간 시행착오를 거쳐야 하는 힘든 실험이었다. 게다가 이미 주지한 바처럼 실험쥐에 스크래피를 주입한다고 해도 그 증상이 나타나기까지 약 180일에서 200일 정도를 기다려야 했다. 결국 한 차례 실험에 거의 200일을 넘게 소비해야 하는, 인내가 요구되는 실험이었다. 프루지너와 로키산맥연구소의 연구 팀은 5년 동안 이러한 실험을 반복하면서 약 25만 마리의 실험쥐를 희생시켜야 했다. 그 결과 프루지너는 감염력이 50~80퍼센트에 이르는 샘플을 얻어낼 수 있었다. 당시 상황에서 이 정도의 순도(감염력)를 가진 샘플은 최적 조건의 샘플이었다. 이 샘플에 프루지너는 여러 가지 화학 처리를 가해 병원체의 성격을 하나하나 규명하기 시작한다.

하지만 프루지너와 로키산맥연구소의 협력 연구는 1979년에 중단된다. 당시 로키산맥연구소에 연구비를 지원하고 있던 국립보건연구원은 스크래피 연구 프로젝트에 너무 많은 재원과 실험쥐를 소모하고 있다고 판단했다. 국립보건연구원으로서는 5년 동안 25만 마리의 실험쥐만 단일 프로젝트를 위해 사용한 것은 받아들일 수 없는 일이었다. 당시 상황을 프루지너는 한 차례 이렇게 설명했다. "실험을 위해서 우리는 거의 1만 마리를 사용하고 있었다. 이런 상황은 지속될 수 없었다." 레이스는 "우리의 실험은 정치적인 이유로 1970년대 말에 끝날 수밖에 없었다. 새로운 국립 알레르기 및 전염병 연구소의 관리자들은 우리의 협력 연구가 너무 일방적인 희생을 강요한다고 생각했다. 우리 연구소는 더 이상 프루지너에게 실험동물을 제공할 수 없다는 결정을 내렸다"고 회상했다.[83] 결국 프루지너와 해들로 그룹의 협력 연구와 로키산맥연구소의 스크래피 연구는 중단되고 말았다.

이러한 난관 속에서 프루지너는 무조건 실험쥐를 이용하는 실험에 의존할 수 없었다. 그보다는 좀더 빠르고 효율적인 실험 모델이 필요했다. 그는 영국 콤튼의 리처드 킴벌린Richard Kimberlin과 위스콘신 대학의 마쉬가 추진하던 전염성 밍크 뇌증에 대한 연구 모델로 눈을 돌렸다. 킴벌린과 마쉬는 밍크 뇌증을 연구하기 위해 실험쥐보다 더 효율적인 햄스터를 실험동물로 사용하고 있었다. 이들은 스크래피 병원체를 햄스터에 주입하면 실험쥐보다 훨씬 일찍 증상이 나타나며 뇌의 병리학적 변화도 더욱 뚜렷하게 나타난다는 사실을 알아냈다.[84] 스크래피를 실험쥐에 주입하는 경우 질병의 잠복기는 보통 150일에서 200일 사이이다. 반면에 햄스터를 이용하는 경우 잠복기는 60일로, 실험쥐 모델의 절반 수준이었다. 결국 햄스터를 실험동물로 사용하면 연구기간을 절반으로 줄일 수 있다는 이점이 있었다. 스크래피 연구 분야의 후발 주자인 프루지너에게 좀더 빠르고 효율적인 실험 시스템 구축은 성공을 위해 가장 필수적인 기초 요소였다. 프루지너는 대부분의 연구자들이 사용하던 실험쥐를 이용한 연구 모델을 포기하고 잠복기가 좀더 짧은 햄스터를 이용한 연구 모델을 구축하기 시작했다. 보통 적정한 감염성을 알아내기 위해서는 연구자들이 60마리의 실험쥐에 각기 다른 양의 스크래피 샘플을 주입하여 적어도 1년을 기다려야만 병원체의 농도를 알아낼 수 있었다. 반면에 햄스터를 이용하면 네 마리의 햄스터로 60일 안에 감염성의 적정량을 알아낼 수 있었다.

1979년경부터 프루지너는 자신이 개발한 동물 모델과 감염성 측정 방법, 그리고 원심분리 실험을 통해 얻은 상대적으로 순수한 형태의 병원체 샘플로 화학반응 실험을 하기 시작했다. 실험의 기본 목적은 스크래피 병원체의 화학적인 성격을 알아보는 것이었다. 프루지너는 자신이 개발한 새로운 시스템으로 새로운 실험을 계획하면서 당시 스크래피 연구자들을 직접 방문하여 문제 해결에 필요한 모든 방법을 배우기 시작했다. 프루지너는 위스콘신에서 전염성 밍크 뇌증을 연구하고 있던 마쉬를 만나 밍크 뇌증과 햄스터 동물 모델에 대한 연구 방법을 알아보기도 했으며, 노벨의학상 수상자인 가이듀섹을 찾아가기도 했다. 1978년 그는 파푸아뉴기니의 포레족 거주지역을 직접 찾아가 그곳에서 연구를 하고 있던 가이듀섹을 만났으며, 가이듀섹과 알퍼스와 함께 15명의 쿠루 환자에 대한 임상연구를 수행하기도 했다.[85]

하지만 1979년경 프루지너가 시작한 야심찬 연구는, 지난 5년 동안 로키산맥연구소의 연구진들과 함께 공동으로 수행한 연구를 마무리하기 위한 화학적 실험이었다. 특히 병원체의 화학 구조를 알아보기 위해 그가 선택한 방법은 병원체의 단백질 구조와 핵산구조를 규명하는 것이었다. 그는 광범위한 연구 준비 과정에서 영국 연구자들이 제기한 풀리지 않는 문제를 접하게 되었다. 바로 알퍼와 그녀의 동료들이 제기한 병원체에 핵산이 존재하는지 하는 문제였다. 물론 에든버러의 연구 팀과 콤튼의 연구 팀은 광범위한 연구를 통해 스크래피 병원체가 기존의 병원체들과는 전혀 다른 자기복제 구조를 가지고 있다는 사실을 알고 있었다. 이 병원체가 기존 바이러스성 질환과는 전혀 다른 화학 구조를 가지고 있다는 데는 모두가 동의하고 있었다. 하지만 이 병원체의 화학 구조와 성격은 확실하게 규명하지 못하고 있었다.

이 문제를 해결하기 위해 프루지너는 서로 영역이 다른 두 가지 연구를 수행한다. 그 원리는 매우 간단하다. 즉, 보통 단백질을 구성하는 아미노산의 고리를 끊거나 파괴해버리는 화학물이나 약품을 이용하여 병원체 샘플을 처리하면 병원체의 단백질 구성물은 그 기능을 잃게 된다. 따라서 "만일 이 병원체가 단백질로 이루어져 있다면" 화학 처리한 샘플을 실험동물에게 주입하더라도 실험동물은 결코 스크래피 증상을 보이지 않을 것이다. 이와 유사하게, 핵산의 고리를 끊거나 녹여버릴 수 있는 화학물에 병원체를 노출시키면 스크래피 병원체는 핵산 고유의 기능을 잃게 될 것이다. 따라서 "만일 이 병원체가 핵산으로 이루어져 있다면" 병원체는 그 기능을 잃어 실험동물은 결코 스크래피에 걸리지 않을 것이다.

지금부터 설명하려는 실험 과정은 화학자들에게는 매우 잘 알려진 방법이라고 할 수 있지만 보통 사람들에게는 어려운 화학물들의 이름이 많이 나온다. 그럼에도 프루지너가 수행한 실험 과정을 이해하는 것은 스크래피 병원체를 이해하는 데 도움이 되기 때문에 여기에 잠시 소개하기로 하겠다.

우선 스크래피 병원체에 단백질이 존재하는지, 그리고 존재한다면 어떤 기능을 하는지 알아보기 위해 프루지너는 단백질의 기능을 파괴하고 아미노산의 고리를 끊을 수 있는 화학물질을 사용한다.

단백질의 기능을 파괴하기 위해 가장 오랫동안 사용해온 표준적인 화학물질은 '단백질 분해효소-K Protease-K'다. 이 효소는 아미노산 고리를 분해하는 효과가 있다. 단백질 분해효소-K에 병원체 샘플을 노출시킨 후 다시 실험동물에 주입했을 때는 아무런 변화를 보이지 않았다. 즉 병원체는 기능을 잃거나 감염력을 잃었다.

두 번째 실험은 'DEP Diethyl pyrocarbonate'라고 불리는 화학물을 이용한 것으로, DEP도 단백질의 화학적 구조를 변형시키는 화학물이다. 스크래피 병원체를 DEP에 노출시킨 결과 병원체는 그 활동성을 잃었다. DEP는 단순히 단백질 구성물질인 아미노산을 녹이거나 그 연결고리를 끊는 것이 아니라 그 화학적인 구조를 단순히 변형시키는 역할을 한다. 하이드록실아민 Hydroxylamine을 첨가하면 변화된 단백질 구성이 다시 원래 상태로 복원되는 성격이 있다. 프루지너는 이러한 화학 반응에 착안하여 DEP에 노출된 스크래피 병원체에 하이드록실아민을 첨가한다. 만일 스크래피 병원체가 단백질로 이루어져 있다면 분명히 그 스크래피 고유의 활동성, 즉 감염성은 회복될 것이다. 그의 예상대로 하이드록실아민에 노출된 스크래피 병원체는 그 활성이 회복되었다.

세 번째 실험은 도데실황산나트륨 Sodium dodecyl sulfate, SDS이라고 불리는 시약을 이용한 실험이었다. 도데실황산나트륨은 보통 생물학 실험에서 단백질과 세포막을 용해하기 위해 사용하는 세척제다. 이 세제는 대부분 단백질과 단백질 사이의 상호작용을 파괴한다. 이 세제에 씻었을 때 스크래피 병원체는 그 활성을 잃었다.

프루지너는 또한 단백질 제거제로 사용되는 다른 화학물인 카

오트로픽 이온Chaotropic ion과 페놀phenol 그리고 요소urea를 사용하여 스크래피 병원체의 활성을 실험하였다. 그 결과 모두 병원체는 그 감염력을 잃었다. 이와 같은 일련의 실험은 모두 스크래피 병원체에 존재할 수 있는 단백질의 성격을 알아보기 위한 것이었다. 프루지너는 이 실험들을 통해 단백질의 존재 여부와 스크래피 병원체의 기능에서 단백질이 차지하는 중요성을 입증했다고 결론지었다.

그렇다면 핵산은 어떨까? 핵산은 생명체의 가장 기본이 되는 화학물질로 생명체의 자기복제와 재생산에 필수적인 요소라고 여겨지고 있었다. 하지만 이미 1967년 영국 콤튼의 연구자들은 방사선 생물학적 실험을 통해 스크래피 병원체에 핵산이 존재하지 않을 가능성을 제기한 바 있다.

프루지너는 화학적으로 이러한 문제를 확인하기 위해 단백질의 존재 여부를 실험할 때와 마찬가지로 일련의 화학물에 대한 반응 실험을 진행했다. 핵산의 화학적 구조를 파괴하여 그 고유의 기능을 잃게 하는 데 사용하는 대표적인 효소는 뉴클레아제nuclease다. 이 효소는 핵산의 고리를 절단하는 것으로 알려졌다. 만일 스크래피 병원체에 핵산이 정상적으로 존재하고 있다면 뉴클레아제에 노출된 병원체는 그 활성을 잃어야 한다. 하지만 그의 실험에서는 이례적인 결과가 나타났다. 뉴클레아제에 노출된 병원체를 다시 실험쥐에 주입했을 때 실험동물인 햄스터는 얼마 지나지 않아 스크래피 증상을 보였다. 즉 뉴클레아제가 스크래피 병원체의 핵산에 아무런 영향을 미치지 않았거나 스크래피 병원체에 아예 핵산이 존재하지 않을 수 있었다.

사실 이러한 이례적인 실험 결과는 실험자를 당혹스럽게 한다. 이 문제를 해결하기 위해 프루지너는 1967년 영국의 알퍼가 수행한 자외선 노출 실험을 반복해보기로 했다. 이미 영국의 동물질병연구소 연구진이 수행한 자외선 노출 실험은 다른 학자들이 여러 차례 반복한 바 있었다. 그 결과를 놓고 연구자들은 논쟁을 벌였지만 스크래피 병원체가 강력한 자외선에 노출되어도 감염성이 전혀 줄어들지 않는다는 데는 대부분 연구자들이 동의했다. 프루지너 연구진은 다시 한 번 이 자외선 노출 실험을 반복해보았다. 그 결과는 1967년 실험과 전혀 차이가 없었다. 스크래피 병원체는 감염성을 전혀 잃지 않았다.

프루지너는 자외선 실험과 함께 더 나아가 솔라렌Psolaren이라고 불리는 광선에 민감하게 반응하는 물질을 사용한다. 일반적으로 솔라렌은 자외선을 이용하여 피부병을 치료할 때 피부가 민감하게 반응하도록 사용하는 약제다. 또한 자외선과 함께 세포 샘플에 사용하면 단백질 막을 뚫고 들어가 핵산에 영향을 미치도록 하는 역할을 한다. 이에 근거하여 프루지너는 스크래피 병원체 샘플에 솔라렌을 처리한 후 자외선에 노출시켜 보았다. 만일 핵산이 존재한다면 다른 조직을 뚫고 들어간 자외선이 핵산에 영향을 미쳐 핵산의 기능을 잃게 할 수 있다. 그러나 이 실험도 스크래피 병원체의 감염성에는 아무런 영향을 미치지 못했다. 이는 스크래피가 살아남아 질병을 일으킬 수 있다는 것을 의미했다. 프루지너는 스크래피 병원체에 핵산이

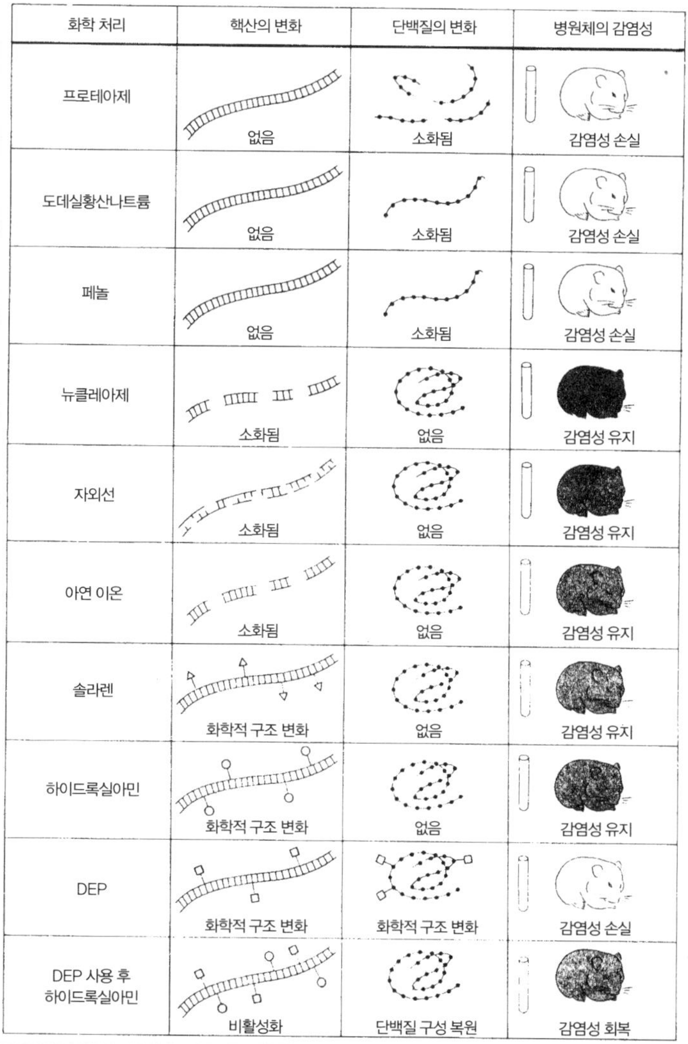

화학 처리	핵산의 변화	단백질의 변화	병원체의 감염성
프로테아제	없음	소화됨	감염성 손실
도데실황산나트륨	없음	소화됨	감염성 손실
페놀	없음	소화됨	감염성 손실
뉴클레아제	소화됨	없음	감염성 유지
자외선	소화됨	없음	감염성 유지
아연 이온	소화됨	없음	감염성 유지
솔라렌	화학적 구조 변화	없음	감염성 유지
하이드록실아민	화학적 구조 변화	없음	감염성 유지
DEP	화학적 구조 변화	화학적 구조 변화	감염성 손실
DEP 사용 후 하이드록실아민	비활성화	단백질 구성 복원	감염성 회복

프루지너 화학 실험

존재하는지 여부를 좀더 확실하게 확인하기 위해 실험에 핵산을 분해하거나 파괴시키는 것으로 알려진 화학물인 아연 이온zinc ions과 하이드록실아민을 사용했다. 하지만 이들 화학물도 스크래피의 감염성을 없애거나 줄이지 못했다.

프루지너 연구 팀이 수행한 일련의 실험은 스크래피 병원체의 화학적 구성을 좀더 명확하게 보여주기보다는 더욱 혼란스럽게 하였다. 한동안 프루지너는 이 실험 결과를 어떻게 해석해야 할지 결론을 내리지 못했다. 실험 결과만 놓고 본다면 단순하게 스크래피 병원체는 분명히 단백질로 이루어진 덩어리며 핵산이 존재하지 않는다고 결론 내릴 수도 있었다. 그러나 그렇게 쉽게 결론을 내릴 수 없었던 것은 분자생물학계를 지배하고 있던 유전학 중심 가설의 원칙Central dogma 때문이다. 지구상 어떤 생명체도 핵산이 없다면 생명체로서 의미가 없었다. 즉 핵산은 생명체의 재생산과 복제에서 가장 근본적인 요소였기 때문이다. 단순한 단백질 덩어리가 기본 정보를 가진 핵산이 없이 어떻게 자기복제를 할 수 있으며 병원체로서 감염성을 가질 수 있는가 하는 문제를 해결할 수 없었기 때문이다.

프리온: 감염성 단백질

1982년 프루지너는 자신이 수행한 실험에 대한 해석을 시도한다. 그의 실험 결과에 따르면 스크래피 병원체에 단백질이 존재하는 것은 확실했다. 하지만 문제는 핵산의 존재 여부에 있었다. 그의 실험은 두 가지로 해석할 수 있었다. 알퍼가 이미 주장한 것처럼 스크래피 병원체에는 핵산이 존재하지 않을 수 있다. 그러나 이미 설명한 것처럼 이것은 크릭과 왓슨이 제기한 분자생물학의 중심 가설을 벗어나는 주장이다. 그리고 지금까지 이러한 중심 가설을 벗어나는 생명체는 발견된 적이 없었다. 반면 그의 실험 결과는 약간 다르게 해석할 수도 있었다. 스크래피 병원체는 단백질이 강력하게 보호하고 있는 바이러스와 같은 생명체로 자외선이나 다른 화학물이 그 단백질막을 뚫고 핵산에 도달하지 못할 수도 있었다. 그러나 그의 실험은 일회성 단일 실험이 아니었다. 핵산을 파괴하는 화학물을 이용하여 생화학자들에게 알려진 다양한 실험을 거쳤지만 스크래피 병원체는 전혀 파괴되지 않았다. 즉 핵산의 존재에 대한 의구심이 점점 더 커질 수밖에 없었다.

프루지너는 1982년 과학저널 〈사이언스〉 지에 발표한 논문에서 스크래피 병원체에 대한 새로운 가설을 제안한다.[86] 당시 그는 스크래피 병원체에 핵산이 존재하지 않을 수 있으며 단순한 감염성 단백질이라는 생각을 강하게 품고 있었다. 더구나 이미 다른 연구자들도 점점 스크래피 병원체를 분리하는 실험을 성공적으로 진행하고 있었다. 또 많은 학자들이 영국 에든버러 연구자들이 제기한 바이리노 이론이나 슬로 바이러스 이론을 정설로 받아들이고 있었다. 에든버러 연구자들은 1970년대에 스크래피 병원체의 감염 과정과 병리학적 특성을 상당 부분 밝혀내고 있었다. 그럼에도 병원체가 확실하게 분리되지 않았기 때문에 연구자들은 이 병원체를 특정한 이름이 없이 그저 '병원체agent'라고 부르고 있었다.

1980년 프루지너는 가이듀섹이 연구하고 있던 파푸아뉴기니를 방문하여 그의 연구 결과를 가지고 논의하면서 스크래피 병원체에는 핵산이 존재하지 않는다는 결론에 이르렀다. 하지만 가이듀섹은 "확실한 분자화학적 구조가 밝혀지기 전까지 이 '병원체'에 적절한 이름을 붙이는 것은 너무 이른 감이 있다"고 말했다.[87] 하지만 후발 주자였던 프루지너는 연구 결과 발표를 더는 미룰 수 없었으며 실험 결과의 중요성을 부각시키는 방법을 생각할 수밖에 없었다. 프루지너는 자신의 실험 결과를 가장 효과적으로 알리는 방법은 이 '병원체'에 이름을 부여하는 것이라고 생각했다. 프루지너는 1982년 〈사이언스〉 지에 발표한 논문에서 "여섯 가지 뚜렷한 증거에 의하면 스크래피 병원체가 감염성을 갖기 위해서는 단백질이 필요하다는 점이 확실하다"고 밝혔다.[88] 그는 이어서 당시 사용된 '비전통적인 바이러스unconventional virus'나 '특이한 슬로 바이러스와 같은 병원체unusual slow virus-like agent'라는 명칭 대신에 '프리온'이라는 명칭을 제안한다. 그는 프리온을 이렇게 정의하고 있다.

"프리온은 작은 단백질로 이루어진 감염성 입자로 핵산을 조작하여 그 활성을 중단시키는 대부분의 화학적 처리 방법에 저항성을 갖고 있다. 프리온이라는 이름은 감염 과정에서 단백질이 필요하다는 점을 강조하는 것이다. 현재 수준의 지식으로는 이 입자 안에 존재할 수 있는 작은 핵산의 존재를 배제할 수는 없다."[89] 이러한 그의 제안은 프리온이라는 병원체의 성격을 규정하는 주장이라기보다는 이 병원체에 단백질이 존재한다는 사실을 알리는 것이었을 뿐이다. 더욱 중요한 것은 프루지너 자신이 이 병원체의 명칭을 제안하면서 앞으로 프리온이라는 이름으로 이 병원체에 대한 논의를 하자고 한 점이다.

이 논문을 작성하는 과정에서 프루지너의 연구 팀은 어떤 이름이 좋을 것인지를 놓고 몇 차례 회의를 한 것으로 알려지고 있다. 당시 박사후 연구원으로 연구에 참여했던 데이비드 볼튼David Bolton은 필자와의 인터뷰에서 "내 기억으로, 내부 평가자들은 몇 가지 논평과 비판을 했다. 스탠(프루지너)이 이러한 논평과 비판에 근거해서 초고를 수정했는지 알 수 없지만 확실한 것은 이 과정에서 프리온이라는 이름이 결정되었다는 것이다. 당시 연구원이던 폴 벤드하임Paul Bendheim은 단백질성 감염체proteinaceous infectious particle의 머리글자를 떼어 '프라이안Prian'이란 이름을 제안했다. 스탠은 이 아이디어를 좋다고 받아들였고 좀더 부드럽게 발음할 수 있도록 '프리온'이라고 결정했다"고 회고했다.[90]

당시 프루지너는 스크래피 연구 분야에서 자신의 연구 입지를 강화할 유일한 방안은 바로 이 병원체의 이름을 짓는 것이라고 믿고 있었다. 프리온이라는 이름은 병원체의 이름뿐 아니라 단백질성 감염체라는 이 병원체의 속성을 잘 보여주는 것이기 때문에 당시 후발 주자로서 별로 지명도가 높지 않았던 자신의 견해를 학계에 알릴 좋은 기회였다.[91] 이 논문은 향후 25년간 학계를 뜨겁게 달군 이른바

'프리온 논쟁' 또는 '광우병 논쟁'을 촉발했다. 그의 논문에 기존 학자들은 거세게 비판을 제기했으며 일부 학자들은 프리온 이론을 전혀 근거 없는 주장이라고 일축하기에 이르렀다. 하지만 이후 지속적으로 발표된 그의 실험 결과와 반대측 학자들의 논박실험 결과를 토대로 이뤄진 스크래피 병원체에 대한 논쟁은 점차 과학적인 논쟁에서 과학 전쟁으로 비화되기에 이른다.

8장

프리온 논쟁

(1982~1997)

스탠리 프루지너의 〈사이언스〉 논문은 상대적으로 소규모의 스크래피 연구계에 엄청난 파장을 일으켰다. 비록 연구논문에서 프루지너가 프리온이라고 부르자고 제안한 이 병원체에 대해 프루지너는 단순히 단백질로만 이루어진 것은 아니라는 점을 강조했지만 그의 프리온 이론은 결국 '단백질 단일감염체 이론'으로 받아들여졌다. 다시 말해 많은 사람들은 그의 이론을 생명의 기본구성체이며 정보의 원천인 핵산이 없이 단백질로만 그 생명체가 유지되고 재생산될 수 있다는 이론으로 받아들여졌다.

전쟁의 시작

스탠리 프루지너의 〈사이언스〉 논문은 상대적으로 소규모의 스크래피 연구계에 엄청난 파장을 일으켰다. 비록 연구논문에서 프루지너가 프리온이라고 부르자고 제안한 이 병원체에 대해 프루지너는 단순히 단백질로만 이루어진 것은 아니라는 점을 강조했지만 그의 프리온 이론은 결국 '단백질 단일감염체 이론protein only theory'으로 받아들여졌다. 다시 말해 많은 사람들은 그의 이론을 생명의 기본구성체이며 정보의 원천인 핵산이 없이 단백질로만 그 생명체가 유지되고 재생산될 수 있다는 이론으로 받아들였다. 게다가 그가 명백한 증거를 제출하지도 않은 채 바로 이 병원체에 대한 이름을 제안한 것은 당시 과학자들의 암묵적인 합의를 파기한 것이었다. 1976년 노벨상 수상자이며 쿠루병의 권위자인 칼턴 가이듀섹도 당시 학계의 암묵적인 합의를 프루지너에게 반복적으로 주지한 것으로 알려진다.

그런데도 프루지너가 질병의 이름을 명명한 까닭은 학계에서 자신이 차지하는 지위를 공고히 하고 그동안 자신이 해온 과학적인 연구업적에 대한 신뢰도를 더욱 높이려는 목적 때문이었다. 그는 한 연설에서 프리온이라는 이름을 명명한 것은 일종의 전략적인 움직임이었으며 가장 효율적으로 자신의 인지도를 학계에 알릴 수 있는 방법이었다고 인정했다.[92] 게다가 그는 당시 과학자들이 생각할 수 없었던 과감한 방법을 선택했다. 즉 언론을 이용하는 것이었다. 지

Tiny Life Form Found

Odd Organism May Be Cause of Major Diseases

〈샌프란시스코 크로니클〉 지에 실린 프루지너의 프리온 발견기사(1982. 2. 19)

금은 과학자들이 자신의 발견이나 업적을 언론을 통해 알리고 보도자료를 배포하는 일이 전혀 문제가 되지 않고 오히려 자연스런 과정으로 받아들이지만 1980년대 초만 하더라도 자신의 연구업적을 학술지에 발표하기 전에 신문이나 기타 언론매체에 먼저 알리는 것은 관례를 깨는 상식 밖의 행동이었다. 하지만 프루지너의 프리온 논문이 학술지인 〈사이언스〉에 발표되기 두 달 전에, 스크래피를 일으키는 병원체가 단백질로만 이루어진 새로운 생명체이며 이것은 새로운 발견이라는 기사가 〈샌프란시스코 크로니클San Francisco Chronicle〉 지에 실리게 된다.

당시 〈샌프란시스코 크로니클〉 지는 프루지너의 발견을 1면에 대서특필하면서 헤드라인에 "극소 생명체 발견Tiny life form found"이라고 보도했다.[93] 프루지너는 당시 기사보도에 대해 "〈샌프란시스코 크로니클〉은 나의 소식을 금요일자 1면 왼쪽 상단에 보도했다. 그리고 오른쪽 1면 기사는 레이건 대통령 소식이었다. 프리온은 생물학자들 사이에서 회자되는 이름이 되었다. 이들은 〈사이언스〉 논문을 읽을 필요가 없었다"고 말했다.[94]

그의 프리온 이론은 곧 생물학계의 관심을 끌었으며 사람들은 스크래피 병원체를 마치 단백질로만 이루어진 새로운 생명체라고 받아들였다. 하지만 다른 학자들은 프루지너의 이러한 도발적인 행동을 달갑게 여기지 않았다. 만일 많은 학자들이 이해했던 것처럼, 그의 실험증거와 가설적인 주장이 '단백질로만 이루어진 생명체'를 제시한 것이라면 그것은 엄연히 프랜시스 크릭이 주장한 '중심가설'을 위반한 것이다.

프루지너의 주장에 대한 직접적인 반론은 영국 에든버러의 연구자였던 리처드 킴벌린의 반박에서 시작되었다. 그는 〈사이언스〉지의 경쟁학술지인 〈네이처〉 지에 프루지너의 실험 결과가 결코 유전정보를 보유한 핵산의 존재를 부인할 수는 없다는 내용의 논문을 게재했다. 그는 강력한 단백질 막에 둘러싸인 스크래피 핵산이 존재할 수 있으며 단지 화학물이나 자외선이 그 막을 뚫고 들어갈 수 없을 뿐이라고 주장했다.[95] 그리고 몇 주 지나지 않아 영국의 저명한 의학지인 〈랜싯Lancet〉 지에 에든버러 연구 팀을 이끌고 있던 앨런 디킨슨이 익명으로 발표한 논평을 통해, 프루지너의 주장은 마치 1930년대에 단백질이 생명의 근원물질이라고 믿었던 주장처럼 너무 이른 결론을 내린 것이라 비판하면서, 에든버러 연구 팀이 지난

20년 동안 보여준 스크래피 병원체의 계통적 다양성strain variation처럼 다양한 유전정보는 감염성 단백질 단일이론으로는 전혀 설명할 수 없는 현상이라고 반박했다.[96]

사실 프루지너 자신도 당시 에든버러 연구 팀이 축적해온 '스크래피 질병계통의 다양성'에 대한 주장을 반박할 수 있는 아무런 증거가 없었다. 또 이미 이들의 연구 성과는 1967년 콤튼의 연구자들이 자외선 실험 결과를 토대로 한 핵산 존재에 대한 문제제기를 제압할 정도로 강력한 실험증거였다. 프루지너 자신도 이 문제에 대한 최선의 대응책은 무시라는 것을 잘 알고 있었다. 만일 확실한 설명방법이나 증거 없이 계통의 다양성을 공격하는 것은 어리석은 전략이었다. 당시 에든버러의 연구원이었던 모이라 브루스Moira Bruce는 당시 상황에 대해 이렇게 말했다.

"그는 질병계통의 다양성에 대한 축적된 증거를 완전히 무시했다. 생물학적인 관점에서 이 병원체의 성격을 알 수 있는 가장 중요한 정보를 무시한 것이다. 우리는 당시 그의 주장에 대해 매우 회의적이었다. 또 우리는 그가 갑자기 이 분야에 나타나 우리에게 스크래피 병원체의 성격이 이런 것이라고 가르치는 것처럼 생각할 수밖에 없었다. 더구나 그는 스크래피라는 질병의 생물학적 성격에 대해서 정확한 가설을 내놓지 못했다."[97]

게다가 프리온 이론이 일종의 "팥 없는 단팥빵"과 같다는 과학자들의 비판은 '스크래피 관련 섬유소Scrapie Associated Fibrils, SAFs'가 발견되면서 더욱 강화됐다. 1970년대에 많은 학자들이 스크래피에 감염된 실험동물의 뇌 샘플을 대상으로 스크래피 병원체를 분리하기 위해 많은 노력을 벌여왔다는 사실은 이미 언급한 바 있다. 하지만 아무도 병원체를 완벽하게 분리하지 못했을 뿐 아니라 전자현미경을 통해서 병원체의 실체를 확인한 연구자는 아무도 없었다.

하지만 샌프란시스코에서 프루지너가 병원체로 의심되는 샘플을 대상으로 화학적 실험을 수행하는 동안에, 뉴욕 맨해튼 남쪽의 스테이튼 섬에 위치한 발달장애기초연구소의 연구자들도 병원체 분리실험을 진행하고 있었다. 특히 전자현미경을 통해서 스크래피 병원체의 구조를 조사하는 실험이었다.

당시 이곳에서 박사과정으로 연구를 하고 있던 팻 메르츠Pat Merz는 영국 에든버러에서 파견되어 온 로버트 섬머빌Robert Sommerville과 함께 스크래피 연구를 진행하고 있었다. 그녀는 기존 실험 시료에 빛을 비추어 보는 방법 대신에 전자빔을 이용하여 시료를 훨씬 확대하여 보는 방법을 사용했다. 이 실험에서 메르츠는 우연히 이전에는 전혀 볼 수 없었던 이중나선의 섬유상 모양의 구조물을 발견하였다. 그리고 건강한 실험쥐의 샘플과 비교하여 보았다. 이 이중나선의 섬유상 모양의 구조물은 특이하게도 정상적인 샘플에서는 전혀 발견할 수 없었던 것이다. 즉 스크래피에 감염된 실험쥐의 샘플에서만 발견되었다. 메르츠와 섬머빌은 이 사실을 학술지에 보고하면서 이를 '스크래피 관련 섬유소'라고 명명하였다.[98]

메르츠의 발견은 스크래피 연구계에서 일종의 돌파구가 되었다. 그녀가 발견한 직후, 예일 대학의 신경학자이며 크로이츠펠트야

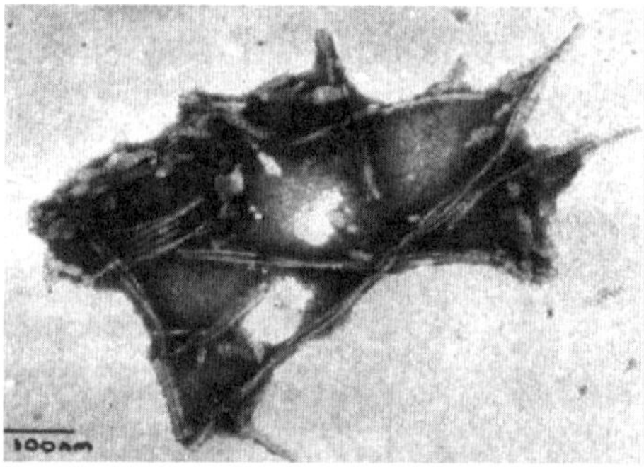

스크래피 관련 섬유소SAFs

코프병을 연구하고 있던 로라 마누엘리디스Laura Manuelidis는 동일한 방법을 사용하여 크로이츠펠트야코프병에 감염된 실험동물의 샘플에 대해 전자현미경 실험을 수행했다. 놀랍게도 크로이츠펠트야코프병의 샘플에서도 이 비정상적인 스크래피 관련 섬유소가 발견되었다.[99] 이것은 스크래피 관련 섬유소가 스크래피 병원체와 깊숙히 연관된 구조라는 점을 의미하는 것이었다. 또 이 샘플을 대상으로 한 연구를 진행하게 되면 병원체의 성격을 쉽게 찾아낼 수 있었다. 이러한 상황에서 에든버러 연구자들과 뉴욕의 연구 팀, 그리고 예일대학의 마누엘리디스 연구 팀은 모두 프루지너의 프리온 이론이 가설에 불과하며 스크래피 관련 섬유소에 대한 연구를 통해 바이러스와 유사한 핵산구조를 발견하게 될 것이라고 주장했다.

그런데도 프루지너는 기존의 연구성과보다는 자신의 연구 결과에 더욱 필사적으로 매달렸다. 다른 학자들이 모두 스크래피 관련 섬유소에 매달리는 동안 그는 자신이 분리한 샘플을 대상으로 한 화학실험에 집중한다. 당시 프루지너는 스크래피 병원체의 단백질과 관련한 성격에 무게를 둔 가설을 발표하면서 '프리온' 이라는 이름을 명명한 행동은 일종의 위험한 도박으로 생각했다. 만일 실패하면 그때까지 구축해온 명성과 학계에서 쌓은 기반을 잃을 수도 있는 위험한 도박이었다.

하지만 1982년 그가 〈사이언스〉에 논문을 발표한 직후, 그의 실험실에서 연구를 하던 박사후과정 연구자 데이비드 볼튼은 또 다른 흥미로운 점을 발견한다. 그는 실험실을 떠난 선임자의 실험노트에서 매우 흥미로운 점을 찾았다. 즉 스크래피 병원체 샘플과 정상적인 건강한 실험동물의 샘플의 화학적 구조를 비교한 실험에서 매우 희미한 차이점을 발견했다.[100] 만일 단백질을 분해하는 효소인 프로테아제-K$_{\text{Protease-K}}$에 스크래피 병원체가 노출되면 이 병원체 샘플의 단백질 구성물인 아미노산 고리가 분해된다. 이 실험에서 남은 단백질 조각을 젤 전기영동기$_{\text{gel electrophoresis}}$에 넣으면, 단백질 조각은 입자의 무게에 따라 각기 다른 띠 모양으로 나타난다.

볼튼은 이 실험에서 프로테아제-K 효소에 전혀 분해되지 않고 단단하게 남아 있는 단백질 파편을 발견한다. 하지만 건강한 실험동물의 샘플을 이 효소에 섞어 분해한 후 젤 전기영동기에 넣으면 이 특이한 단백질 파편을 발견할 수 없었다. 즉 볼튼이 발견한 '파괴되지 않은 단백질 파편' 은 스크래피 병원체와 연관된 특별한 단백질이라는 점을 의미한다. 그는 또한 이 단백질 파편의 입자무게가 27-30K라는 사실을 발견하고, 이 단백질을 '프로테아제 저항성 단

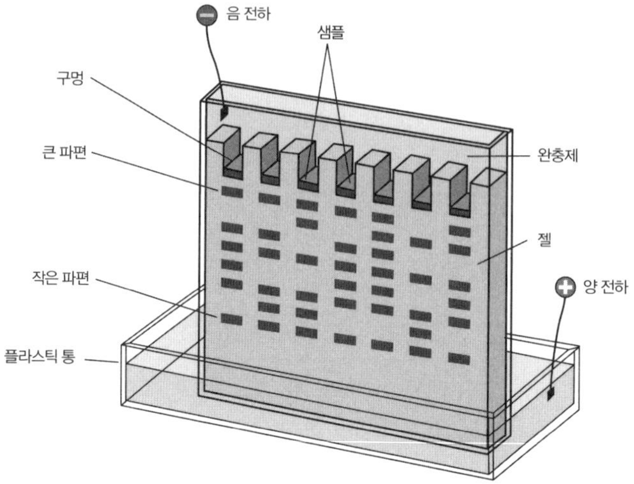

젤 전기영동기의 기본구조
단백질을 효소에 처리하여 분해하고 남은 시료를 전기영동기에 넣으면 그 무게에 따라 각기 다른 띠를 형성한다.

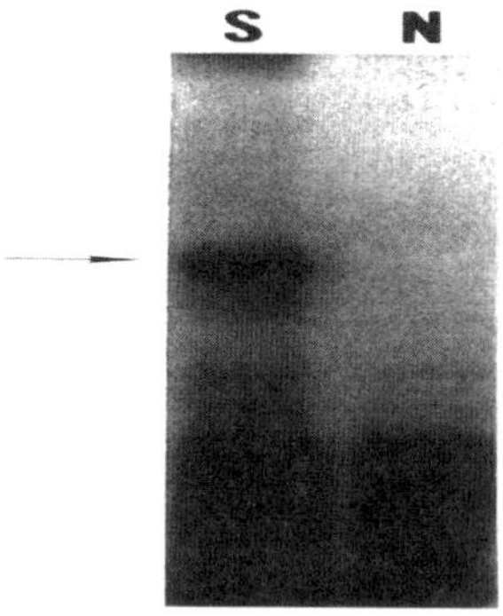

프로테아제 저항성 단백질의 사진
왼쪽의 젤 전기영동 사진은 스크래피 병원체 샘플로 사진에서 표시된 띠가 바로 효소에 분해되지 않는 단백질 파편이며, 오른쪽 사진은 정상적인 건강한 실험동물의 샘플로 이 단백질 파편이 보이지 않는다.

백질Protease-Resistant Protein, PrP 27–30' 즉 'PrP27–30'이라고 명명했다. 'PrP27–30'의 발견은 단순한 단백질 파편을 발견한 이상의 의미를 지닌다. 볼튼과 프루지너는 젤 전기영동기에 나타나는 특이한 단백질이 스크래피 병원체와 매우 깊은 관련이 있는 단백질이며 바로 이것이 프루지너가 주장한 프리온 단백질의 실체라고 믿었다.[101] 즉 뉴욕의 팻 메르츠가 스크래피 병원체로 의심되는 스크래피 관련 섬유소를 시각적으로 발견한 성과를 올린 것처럼 프루지너와 볼튼은 스크래피 병원체와 연관된 단백질을 발견한 것이다.

프리온 유전자의 발견

프로테아제 저항성 단백질의 발견으로 프루지너 연구 팀은 스크래피를 일으키는 병원체의 실체를 연구할 수 있는 단초를 마련했다고 생각했다. 특히 그가 주장한 '단백질로만 이루어진 병원체'라는 가설을 증명하는 실험이 가능하다고 보았다.

프루지너와 그의 연구 팀은 이 특이한 단백질이 과연 단순한 숙주의 유전자가 만들어낸 결과물인지 아니면 외부 병원체인지를 알아보는 실험을 하게 된다. 만일 이 단백질이 신체의 유전물질, 즉 핵산의 유전정보 번역을 통해 생성된 결과물이 아니라 외부 병원체의 특이한 단백질이라는 사실이 밝혀지면 그가 애초에 조심스럽게 주장한 자기복제 단백질이라는 새로운 생물체를 증명하는 것이었다.

이를 위해서 그는 당시 캘리포니아 공과대학CalTech의 분자생물학 전문가인 르로이 후드Leroy Hood와 스위스 취리히 대학의 분자생물학의 대가인 찰스 바이스만Charles Weissmann 교수의 도움을 얻어 단백질의 기원을 찾는 실험을 진행한다.

이 실험과정은 단순히 유전물질의 생성과정인 핵산에서 전령 리보핵산이 만들어지는 전사과정transcription과 이 전령 리보핵산에서 단백질이 만들어지는 유전정보 번역과정translation을 역추적하는 방식으로 수행되었다. 보통 유전물질의 가장 기본이 되는 핵산에서 최종 산물인 단백질이 만들어지기까지는 보통 세 단계를 거치는데 이 과정은 핵산→전령 리보핵산→단백질의 순으로 이어진다. 만일 하나의 단백질을 가지고 있다면 그 단백질의 기원이 되는 핵산까지 역추적하는 실험을 할 수 있다. 바로 이 역추적 과정의 대가들이 당시 후드 교수와 바이스만 교수였다.

일단 이들은 프로테아제 저항성 단백질(이후에 프리온 단백질prion protein로 명칭이 바뀐다)의 기본 구성물질인 아미노산의 배열 순서를 알아낸 다음 이 아미노산을 번역하는 전령 리보핵산의 배열 순서를 거꾸로 찾아냈다.[102] 그리고 이 리보핵산의 조합을 다시 거꾸로 추적하여 유전물질의 기본이 되는 핵산을 찾아냈다. 이 실험 결과는 프루지너가 예상한 것과는 정반대의 결과를 가져왔다. 즉 프루지너가 분리해낸 프리온 단백질은 외부의 바이러스와 같은 생명체가 아니었다. 놀라운 것은 이 단백질은 원래 실험동물이 지닌 유전물질의 산물이라는 점이었다. 그리하여 마침내 프리온 단백질이 다

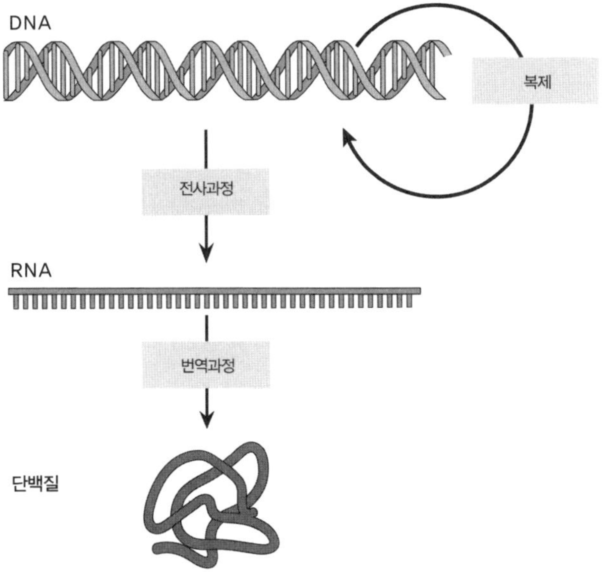

유전정보의 전달과정
핵산DNA→리보핵산RNA→단백질protein의 방향으로 유전정보가 전달되는데, 이 과정을 이용하면 거꾸로 단백질의 유전정보를 가진 핵산을 추적할 수 있다.

른 외부에서 들어온 것이 아니라 실험동물의 유전자인 핵산에서 만들어진 최종 산물이라는 것을 밝혀냈다.

이것은 두 가지 함의를 지닌다. 첫째로 프루지너의 예상과는 달리(그리고 다른 학자들의 예상과는 달리) 스크래피를 일으키는 주범이라고 여긴 프리온 단백질이 다름 아닌 그 숙주의 유전자가 만들어 낸 결과물이라는 점이다. 둘째로 바이러스나 다른 외부에서 침투해

들어온 침입자의 단백질은 아니라는 사실이었다.

또 이 실험 결과는 원래 일부 학자들이 오래전부터 주장해온 "자기복제 성질을 가진 특이한 단백질"과는 거리가 먼 극히 정상적인 과정을 거쳐 만들어진 일종의 정품 단백질이라는 점을 보여줬다. 그리고 이 단백질을 만들어낼 수 있는 유전자는 특별한 기능을 갖거나 돌연변이를 일으키는 유전자가 아니었다.[103] 당시 프루지너의 연구 팀에서 함께 연구를 수행한 데이비드 볼튼은 필자와 나눈 인터뷰에서 "1985년에 발표된 논문을 보면 프루지너와 바이스만 교수가 모두 이 실험 결과를 어떻게 해석해야 할지 혼란스러워 하는 것을 볼 수 있다. 그저 정상적인 유전자가 만들어낸 단백질이 병을 일으킨다고 주장하는 것은 그다지 설득력 있는 설명이 되지 못했다"고 말했다.[104]

그런데도 이 실험은 질병에 감염된 동물은 자신의 유전자가 만들어낸 단백질이기 때문에 면역체계가 적이 침투한 것으로 생각하지 않고 편안하게 아무런 조치를 취하지 않았다는 것, 즉 스크래피에 걸린 동물한테 왜 아무런 면역반응이 일어나지 않았는지를 설명해줬다.

또 한 가지 흥미로운 사실은 이 실험을 통해 프루지너 연구 팀은 정상적인 유전자(뒤에 이 유전자를 프리온 유전자prion gene라고 부르게 된다)에서 만들어진 단백질의 아미노산 배열구조는 스크래피에 걸린 동물에게서 발견되는 단백질(프로테아제 저항성 단백질 또는 프리온 단백질)이나 정상적인 동물한테 찾아볼 수 있는 단백질이나 모두 동일하다는 점이었다.

그렇다면 왜 질병에 걸릴 단백질은 단백질을 분해하는 효소에도 전혀 영향을 받지 않고 단단하게 남아 있으며 정상적인 단백질은 효소에 쉽게 분해되는가? 만일 단백질의 구성물질이 동일하다면 왜 이 두 가지 형태의 단백질은 각기 다른 반응을 보이는가? 이 모든 질문에 대해 프루지너 자신도 확실한 대답을 내놓을 수 없었다.

하지만 오랜 고민 끝에 프루지너는 조심스럽게 프리온 단백질이 이처럼 특이한 형태로 나타나는 것에 대한 설명을 제안하게 된다. 프루지너는 스크래피 병원체로 의심되는 이 프리온 단백질이 분명 외부에서 침입해온 바이러스나 다른 자기복제성 단백질이 아니라 숙주의 유전자인 프리온 유전자의 산물이라는 점을 인정한다. 그리고 이 단백질은 질병에 감염된 동물과 정상적인 건강한 동물에게서 공통적으로 만들어지며 동일한 아미노산 구조를 가진 단백질이라는 점도 인정한다. 그렇다면 스크래피와 연관되는 비정상적인 단백질과 정상적인 단백질의 차이는 무엇인가?

프루지너는 이 질문에 대한 해답을 제시하기 위해 상대적으로 새로운 개념을 도입한다. 그의 설명에 따르면 프리온 단백질의 기원은 외부에서 유입된 병원체의 유전자에서 유래된 이종단백질이 아니라 실험쥐의 경우 2번 염색체에서 유래된 동종단백질이다(인간은 20번 염색체에서 만들어진다). 그리고 이 단백질은 정상적인 뇌조직이나 스크래피에 감염된 뇌조직에서 처음 분리할 경우 33kDa 크기의 단백질로 분리된다. 그러나 이 단백질을 프로테아제 효소로 분해하면 정상적인 뇌조직에서 얻은 단백질은 모두 절단되어 완전히 소실되지만(앞에 나온 젤 전기영동기 사진을 통해서 볼 수 있듯이 효소처리 후에 단백질은 아무런 흔적 없이 사라진다), 프리온 감염 뇌조직에서 얻은 단백질은 효소처리에서 완전히 소실되지 않고 27KDa 크기의 단백질 조각으로 남는다(앞의 사진에 나타나는 띠모양의 흔적이 바로 완전히 소실되지 않은 단백질 조각이다).

프루지너는 정상적인 뇌조직에서 얻은 프리온 단백질, 즉 효소에 모두 녹아 사라지는 단백질을 '세포성 프리온 단백질cellular prion protein, PrP^{C}'이라고 명명하고 스크래피에 감염된 뇌조직에서 얻은 효소에도 분해되지 않는 단백질을 '스크래피 연관 프리온 단백질scrapie associated prion protein, PrP^{sc}'이라고 명명한다. 이 두 단백질은 유전자 염기서열의 차이나 전령 리보핵산의 염기서열, 그리고 단백질의 아미노산 서열 상의 차이는 전혀 발견되지 않았다.

여기에 프루지너는 이 두 단백질의 차이는 단백질이 형성된 이후 어떤 이유로 인해 그 형태가 변화하여 일어나는 3차원적인 구조상의 차이일 뿐이라고 조심스럽게 설명한다. 소위 '유전정보 번역 후 변형post-translational modification'으로 알려진 이러한 현상은 단백질이 유전정보를 통해 생성된 후 어떤 이유로 그 모양이 변화하는 현상을 말하는 것이다. 이것은 정상적인 형태의 프리온 단백질이 갑자기 형태상의 변화를 일으켜 비정상적인 질병을 일으키는 단백질로 바뀌는 것이다.[105]

프리온 단백질과 감염성의 문제

하지만 문제가 완전히 해결된 것은 아니었다. 이미 1982년 프루지너가 〈사이언스〉 지에 자신의 가설을 담은 논문을 발표한 이후 스크래피 연구계는 프루지너의 프리온 이론이 지닌 한계를 비판하는 논문이 연이어 발표되었고 그가 프리온 단백질을 발견하고 그 유전자까지 발견한 이후에도 논쟁은 계속되었다. 당시 가장 큰 문제는 프루지너가 스크래피 병원체로 생각한 프리온 단백질이 정말로 스크래피를 일으키는 감염력이 있는가 하는 점이었다. 프루지너는 1982년 프리온 단백질을 발견한 후 바로 이 단백질을 실험동물에 주입하여 스크래피가 발생하는 것을 확인했다고 보고했으며 그 뒤 이 단백질이 스크래피를 일으키는 주범이라는 사실을 믿어 의심치 않았다.

하지만 다른 학자들은 생각이 달랐다. 1985년 프루지너 팀이 프리온 유전자를 발견하면서 이러한 의혹은 증폭되었다. 로키산맥 연구소에서 스크래피에 대한 연구 프로젝트를 진행하던 브루스 치즈브로Bruce Chesebro는 프루지너가 발표한 연구 결과를 확인하기 위해 스크래피 병원체의 프리온 단백질의 구성물질인 아미노산을 역추적하여 그 유전자를 찾아내는 실험을 반복해보았다. 그리고 프리온 단백질을 만들어내는 전령 리보핵산이 실험동물의 뇌뿐 아니라 다른 곳에서도 나타나는지 여부를 조사했다.

많은 연구자들은 일단 스크래피 병원체가 몸속에서 감염을 일으키면 먼저 비장에서 감염을 일으킨 후 대뇌로 이동한다는 사실을 알고 있었다. 그때까지 프루지너의 연구는 뇌에서 감염을 일으키는 스크래피 병원체에 집중되어 있었다. 만일 동일한 단백질과 전령 리보핵산이 뇌와 비장에서 발견된다면 이 프리온 단백질은 더욱더 스크래피와 연관성이 깊다고 볼 수 있다. 하지만 놀랍게도 치즈브로의 연구에 따르면 실험쥐의 비장에서는 프리온 단백질을 만들어내는 전령 리보핵산을 전혀 발견할 수 없었다.[106] 정말로 프루지너가 주장한 프리온 단백질 27-30kDa가 스크래피를 일으키는 원인이라고 한다면 왜 이 프리온 단백질을 만들어내는 전령 리보핵산이 비장에서는 나타나지 않는가?

또 한 가지 예일 대학의 신경학자인 로라 마누엘리디스Laura Manuelidis의 연구 팀은 프루지너의 주장에 의문을 제기하는 실험 결과를 발표했다. 그녀는 크로이츠펠트야코프병에 감염된 실험쥐를 대상으로 한 실험에서 프루지너가 발견했다고 주장하는 동일한 프리온 단백질 27-30kDa를 발견했다. 하지만 프로테아제 효소처리를 하면 감염력이 90퍼센트 이상 줄어든다는 사실을 알아냈다. 지금까지 프루지너는 프리온 단백질이 질병을 일으키는 주요 혐의자이고 자신의 실험에서 감염력이 보존되었다는 사실을 통해 결정적으로 병원체를 분리하는 데 성공했다고 믿었던 것이다. 하지만 마누엘리디스의 연구는 정반대의 결과를 보여주었다. 프리온 단백질은 감염력을 보존하는 것이 아니라 다른 단백질처럼 감염력이 현저하게 줄어든다는 사실, 이는 프리온 단백질이 스크래피나 크로이츠펠트야코프병을 일으키는 혐의자가 아니라는 것을 의미했다.[107]

대신 그녀는 스크래피 병원체가 지닌 감염성은 전혀 다른 곳에서 나타날 수 있다는 의문을 제기했다. 그녀는 이 병원체는 바이러스와 같은 것이며 자체적인 유전물질을 가진 구조일 것이라는 반론을 제기했다. 더구나 소아마비를 일으키는 폴리오바이러스poliovirus처럼 많은 바이러스가 단단하고 분해하기 힘든 단백질 껍데기에 둘러싸여 있어 효소나 화학처리에도 견딜 수 있을 만큼 강력하다고 주장했다.

더구나 프루지너의 프리온 이론에 가장 큰 문제를 제기하던 연구 팀은 영국 에든버러의 연구자들이었다. 이미 주지한 것처럼, 에든버러 연구 팀은 1960년대부터 지속적으로 다양한 계통의 스크래피를 발견해왔으며 이 스크래피의 계통적 다양성strain variations은 이 병원체가 자체적인 유전정보를 가지고 있다는 사실을 증명하는 증거로 생각하였다. 만일 프루지너가 주장한 것처럼 스크래피 병원체가 프리온 단백질이며 단백질의 형태가 변하여 일어난 질병이라면 에든버러 연구자들이 발견한 것처럼 적어도 스물다섯 가지의 안정적이고 반복적으로 나타나는 계통적 다양성은 발생할 수 없다. 이 문제는 프루지너 연구 팀을 괴롭히는 가장 큰 문제 중 하나였다.

게다가 1989년 에든버러의 연구자인 리처드 킴벌린은 이 계통적 다양성이 얼마나 안정적인지를 보여주는 실험을 한다. 킴벌린은 실험쥐에게서 나타나는 스크래피를 전혀 다른 실험동물인 햄스터에 주입했다. 그리고 다시 이 햄스터의 병원체를 실험쥐에게 주입했다.

대부분 병원체가 전혀 다른 종의 생명체에 감염되면 그 잠복기와 병리학적인 패턴이 변하게 된다. 이것은 바로 종간장벽species barrier이라고 불리는 현상으로 병원체가 다른 생명체에 감염되면 그 성격이 변하는 현상이다. 이렇게 변한 병원체가 자체적인 유전정보를 가지고 있지 않다면, 즉 단순히 단백질 덩어리로서 3차원적인 구조에 변화가 생겨 발생하는 질병이라면, 다시 원래 실험쥐로 전이시켰을 때 원래의 성격이 변할 것이다. 하지만 실험 결과는 프루지너의 이론과는 전혀 다른 형태로 나타났다. 즉 실험쥐에서 햄스터로 전이된 병원체를 다시 실험쥐로 전이시켰을 때 그 잠복기와 병리적인 패턴에 아무 변화가 없었으며 원래 모습으로 돌아왔다. 즉 이 스크래피 병원체는 자체적인 유전정보를 보존하고 있었고 그 유전정보에 따라 병리적인 현상이 발현된 것이다. 이 실험에서 킴벌린은 이렇게 결론을 내린다.

"스크래피 병원체의 유전자는 매우 작은 자신을 통제할 수 있는 핵산으로 이루어져 있으며 실험쥐의 단백질로 둘러싸여 보호되고 있는 것처럼 보인다. 이 유전자의 성격은 스크래피 병원체의 계통적 다양성에 의해 다르게 나타난다."[108]

킴벌린에 따르면 스크래피 병원체는 자체적인 유전정보를 갖고 있으며 그 핵산이 너무 적기 때문에 자체적인 단백질을 만들어내는 대신에 숙주의 유전자가 만들어낸 단백질을 이용하여 자신을 보호하는 일종의 교묘한 병원체이다. 이러한 유전정보는 안정적이고 반복적으로 자신의 성격을 드러낼 수 있다는 점에서, 숙주의 유전자가 프리온 단백질을 만들어낸다는 프루지너의 이론을 무너뜨릴 수 있는 강력한 실험증거가 되는 것이다.

1988년에 이르러 이른바 프리온 논쟁은 극단적인 감정대립으로 이어졌다. 프리온 이론을 주장하는 프루지너의 연구 팀과 그를 비판하면서 반대 증거를 제시하는 프리온 회의론자들 사이의 대립은 과학적인 논쟁을 넘어서 개인적인 대립으로까지 번졌다. 양쪽 진영의 과학자들은 자신들이 얻어낸 과학증거만으로도 분명히 자신들의 가설을 증명할 수 있다고 굳게 믿었다. 이렇게 전혀 다른 입장은 절충적인 입장을 찾기보다는 평행선을 그리면서 합의할 수 없는 국면으로 치달았다.

1988년 런던에서 시바재단CIBA Foundation이 개최한 학회에서 프리온 이론가들과 회의론자들은 극단적으로 대립했다. 당시 두 진영의 이견은 좁혀지기는커녕 논쟁이 격화되면서 학회를 주최하던 시바재단은 과학자들의 논평을 녹음하는 것을 중단했으며 회의 중간에 마이크를 꺼버리는 사태까지 벌어졌다. 당시 이 회의에 참가했던 프리온 유전자를 연구하던 조지 칼슨George Carlson은 당시 상황을 이렇게 회고했다. "이와 같은 상황은 전례 없는 일이었다. 정말 놀라운 상황이었다. 당시 회의에 참가한 과학자들의 개성은 너무 강했다. 이들은 학회에서 상대방에 대해 소리를 지르며 공격했다. 이것은 충격적인 모습이었다. 믿을 수 없는 장면이 연출되었다. 상대방 그룹에 대해 적의가 가득했으며 매우 논쟁적이었다".[109] 상대방에 대한 적의와 논쟁의 격화로 인해 프리온 이론을 둘러싼 과학계의 대립은 해결될 가능성이 없어 보였다. 누구든 자신들의 주장을 뒷받침할 수 있는 결정적인 과학적 증거를 제출하지 않는 한 스크래피 병원체의 성격을 둘러싼 논쟁은 해결될 수 없었다. 그렇지만 1990년대에 들어서면서 상황은 변화하기 시작했다.

9장

승자는 모든 것을 갖는다

두 번째 노벨의학상

1997년 10월 6일 스웨덴의 카롤린스카연구소는 프루지너에게 노벨의학상을 수여하기로 결정한다. 당시 카롤린스카연구소는 "프루지너 교수는 바이러스와 박테리아, 균류 그리고 기생충과 더불어 프리온이 새로운 질병을 일으키는 병원체라는 사실을 발견하였다. 프루지너의 발견은 알츠하이머병과 같은 퇴행성 뇌질환을 이해하는 데 새로운 접근법을 제시하였으며 미래의 약물개발과 의학적 치료 전략에 새로운 방법을 제시하였다"고 평가했다. 프루지너의 노벨의학상 수상 소식은 이 분야에서 두 번째 노벨상을 배출하는 것이었으며, 지난 15년 동안 지속되어온 프리온 논쟁의 종식을 알리는 소식이었다.

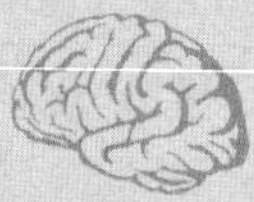

이식 유전자 실험

1982년 스탠리 프루지너가 프리온 이론을 제기하면서 시작된 프리온 논쟁은 10여 년 동안 프리온 이론을 주장하는 프루지너 그룹과 그의 이론을 비판하면서 반대증거를 제시한 프리온 회의론자들 사이의 대립으로 이어지면서 전혀 해결될 기미가 없어 보였다. 프루지너와 그를 따르는 연구자들은 스크래피와 크로이츠펠트야코프병은 단순히 내부 유전자가 만들어낸 단백질의 구조가 변화하면서 발생한다는 프리온 단백질 가설을 끊임없이 주장했다. 그렇지만 그 반대자들은 이 병원체는 내부 유전자의 산물이 아니라 바이러스와 비슷하면서도 자체적인 유전정보를 가진 병원체가 침투하여 신체의 단백질을 가로채 보호막으로 삼아 증식하는 생명체라고 주장했다.

이러한 상황을 타계할 수 있는 유일한 방법은 새로운 실험을 거쳐 이론의 타당성을 보여줄 수 있는 실험증거를 제시하는 것뿐이었다.

1990년을 전후로 분자생물학은 새로운 최첨단 연구방법을 개발한다. 즉 유전자 조작을 통한 실험이 그것이다. 이전에는 실험실에서 개량한 실험동물에 병원체를 주입하여 그 변화를 관찰하거나 감염된 동물의 샘플을 이용하여 화학적인 실험을 하는 것이 전부였다. 하지만 1990년대에 접어들면서 실험동물의 유전자를 자유롭게 조작하고 새로운 유전자를 주입하여 그 반응을 살펴보는 기술이 개발됐다. 유전자 이식 기술은 점차 다양한 생명과학 분야에서 적용되

스크래피의 뇌세포 감염 과정

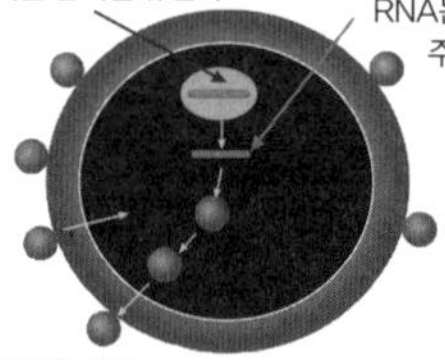

정상적인 프리온 단백질은 세포 표면으로 이동했다가 다시 세포로 들어간다.

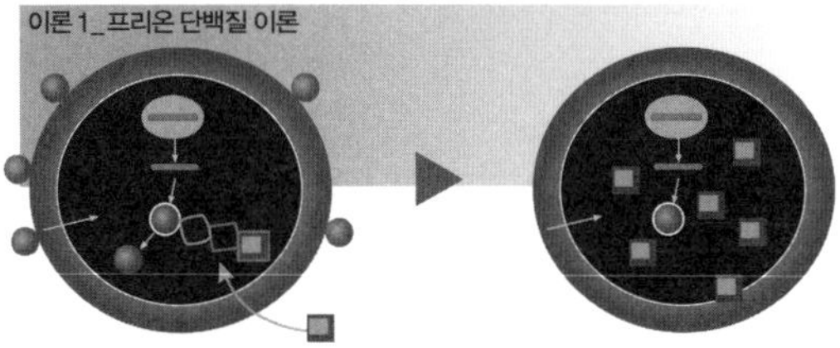

비정상 프리온 단백질은 세포로 들어가 정상적인 단백질을 감염시킨다.

비정상적 단백질이 세포에 쌓이면서 세포가 죽는다.

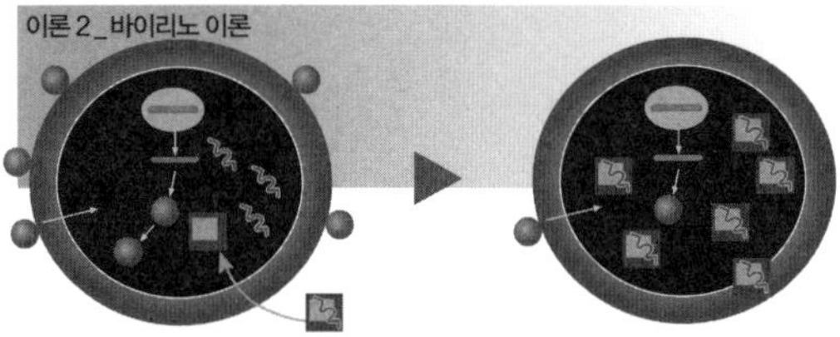

바이리노(비정상 프리온 단백질과 핵산으로 이루어짐)는 세포로 들어가고 핵산은 자기복제를 시작한다.

핵산은 정상적인 프리온 단백질을 감염시키고 좀더 많은 바이리노가 세포 안에 형성된다.

프리온 이론과 바이리노 이론

프리온 이론 : 정상적인 유전자의 산물인 프리온 단백질이 비정상적인 형태로 변화하여 다른 단백질까지 형태를 변화시켜 질병을 일으킨다.

바이리노 이론 : 자체적인 유전정보를 가진 병원체가 침투하여 신체의 단백질과 결합하여 증식하면서 질병을 일으킨다.

기 시작했다. 이 유전자 이식 기술은 간단하게 설명하자면 연구자가 원하는 유전자를 직접 주입하여 특정한 유전자를 가진 실험동물을 만드는 것이다. 만일 사람의 유전자를 갖고 있는 실험쥐를 만들고 싶다면 인간의 특정 유전자를 추출하여 실험쥐의 유전자 배열에 삽입하고 새롭게 인간 유전자가 들어간 핵을 실험동물의 난자에 주입하여 결국 인간의 유전자를 갖고 있는 실험동물을 만든다.

프루지너는 새롭게 개발된 유전자 조작기술을 이용하면, 단순한 바이러스 이론이나 좀더 세련된 바이리노 이론을 넘어서 프리온 이론이 가장 설득력 있는 이론이라는 점을 보여줄 수 있을 것이라고 생각했다.

프루지너의 연구진은 이 유전자 조작기술을 이용하여 실험쥐에 '햄스터 프리온 유전자hamster PrP'를 삽입하는 데 성공한다. 이것은 단순한 실험쥐가 아닌 햄스터 프리온 유전자와 실험쥐 유전자가 공존하는 실험쥐를 만들어낸 것이다. 이 유전자 이식 실험쥐(햄스터의 유전자까지 갖고 있는 실험쥐)에 각각 햄스터 스크래피와 쥐 스크래피를 주입했을 때 나타나는 현상을 조사했다. 보통 정상적인 실험쥐에 햄스터 스크래피를 주입하면 종간 장벽으로 인해 잠복기가 보통 실험쥐 스크래피보다 훨씬 길게 나타난다. 하지만 햄스터 프리온 유전자를 삽입한 유전자 이식 실험쥐에 햄스터 스크래피를 주입하면 비정상적으로 긴 잠복기 현상은 사라지고 정상적인 햄스터 스크래피의 잠복기를 보인다. 또 쥐 스크래피 병원체를 유전자 이식 실험쥐에 주입하면 뇌의 병리학적 변화에서 발생하는 비정상적 프

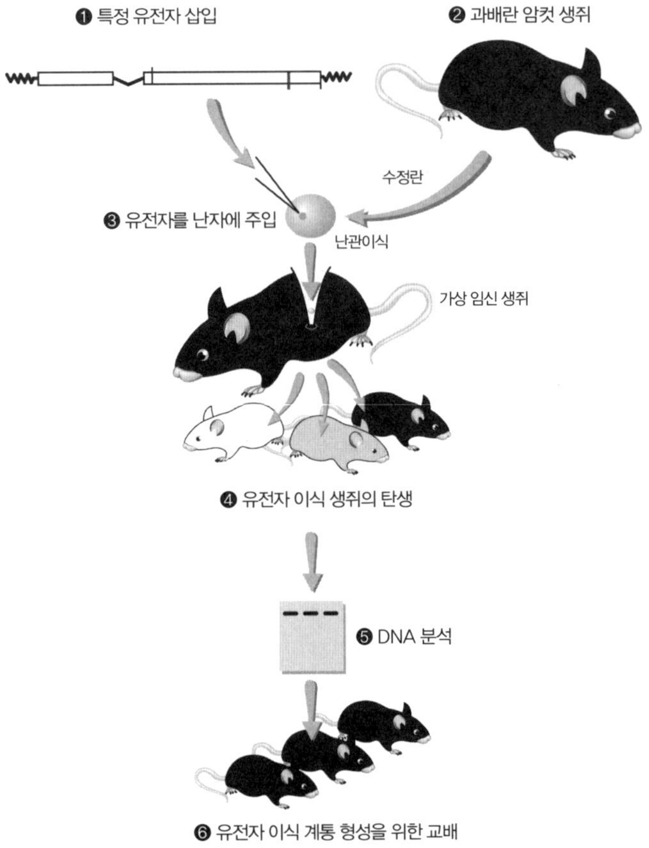

이식 유전자 동물
유전자 배열에 원하는 특정 유전자를 삽입하여(❶), 그 핵을 실험쥐의 난자에 주입하여 실험쥐에 착상하면(❷→❸), 그 과정에서 태어난 실험쥐는 원하는 특정 유전자를 포함하며(❹→❺), 이 특정 유전자를 가진 실험쥐를 번식하여 유전자 이식 실험쥐를 만들 수 있다(❻).

리온 단백질인 쥐의 스크래피 단백질이 축적된다는 사실을 발견했다. 이와 달리 햄스터 스크래피 병원체를 주입하면 햄스터 스크래피 프리온 단백질이 축적된다는 사실을 발견하였다. 이것은 비정상적 프리온 단백질은 숙주의 프리온 유전자와 가까운 형태로 선택된다는 점을 보여준다.[110]

또 한 가지 이식 유전자 실험쥐를 통한 흥미로운 실험은 프루지너의 오랜 협력연구자인 바이스만 교수의 실험에서 볼 수 있다. 만일 프루지너가 주장하는 프리온 단백질 단일 이론이 옳다면 프리온 유전자를 갖지 않은 실험쥐에게서 스크래피는 발생하지 않아야 한다. 바이스만 교수와 취리히의 분자생물학연구소의 연구자들은 이식 유전자 기술을 더욱 발전시켜 실험쥐에게서 프리온 단백질을 생산하는 유전자를 완전히 제거했다. 이 유전자 결손 실험쥐gene knock-out mouse에 스크래피 병원체를 주입하면 어떻게 될까? 바이스만 연구 팀은 실험쥐가 스크래피에 걸리지 않은 채 아주 건강하게 지내는 사실을 발견했다.[111]

유전자 이식 실험과 유전자 결손 실험은 당시 분자생물학 분야에서 가장 발전된 실험이었으며, 프루지너 연구 팀의 실험 결과는 다른 많은 연구자들의 관심을 끌었을 뿐 아니라 프루지너가 주장해온 프리온 단백질 단일 이론을 증명하는 명백한 증거로 여겨졌다.

1990년대 초에 이루어진 일련의 성공적인 유전자 이식 실험은 프리온 논쟁의 전환점이 되었다. 좀더 많은 과학자들이 프루지너의 주장을 긍정적으로 받아들이기 시작했으며 〈뉴욕타임즈〉는 "뇌질환의 이단적 이론이 새로운 지지기반을 마련하다"라는 기사를 실었다. 〈뉴욕타임즈〉는 프루지너가 유전자 이식 실험을 통해 많은 지지자들을 설득할 수 있는 기반을 마련했다고 주장했다.[112]

마침내 프루지너는 지금까지 조심스럽게 제시해오던 프리온 단백질 단일 이론Prion only hypothesis을 공식적으로 강력하게 주장하기 시작한다. 1980년대와 1990년대 초까지 프루지너는 프리온 단백질에서 바이러스보다 크기가 매우 작지만 자체적인 유전정보를 보유한 핵산과 같은 입자를 발견할 가능성을 배제하지 않았다. 하지만 유전자 이식 실험에 성공한 후 그는 이 유전정보를 가진 핵산의 존재가능성을 완전히 배제했으며 스크래피와 유사한 질병을 일으키는 병원체의 본질은 프리온으로 이루어진 단백질 덩어리일 뿐이라고 주장했다.[113]

지킬박사와 하이드 단백질

이식 유전자 실험과 결손 유전자 실험의 성공은 프루지너의 프리온 단일 이론이 과학자 사회에 널리 퍼지는 큰 전환점이 되었다. 물론 이식 유전자 실험과 결손 유전자 실험이 그의 프리온 단백질 이론을 완전히 증명한 것은 아니었다. 당시까지 그는 유전자 조작방법을 통해 만들어낸 프리온 단백질을 만들었지만 프리온 단백질에서 발생해야만 하는 질병의 감염성을 얻어내지는 못했다. 비록 그는 프리온 단백질이 스크래피와 연관된 질병을 일으키는 감염력을 가진 병원체라는 실험 결과를 굳게 믿었지만, 이에 대한 반대 증거가 계속 나왔으며 더욱 중요한 점은 유전자조작을 통해 만들어낸 프리온 단백질이 감염성을 보여주지 못했다는 점이었다.

또 한 가지 프루지너의 연구진이 완전히 설명해내지 못한 것은 그들에게 지난 10여 년 동안 골칫거리였던 병원체의 계통 다양성strain variation의 문제였다.

바이스만과 프루지너의 결손 유전자 실험 결과가 발표된 영국의 왕립학회 학술대회에서 많은 학자들이 프루지너 그룹의 프리온 단일 이론으로 의견이 기울어지기 시작했다. 그렇지만 모든 연구자들이 프루지너의 주장을 완전히 받아들인 것은 아니었다.

바이스만과 프루지너의 연구 결과가 발표된 지 3일 뒤에 같은 왕립학회 학술대회에서 에든버러의 연구자인 모이라 브루스가 발표한 연구는 병원체의 계통 다양성의 중요성을 다시 한 번 보여주었다. 그녀는 당시 1986년에 처음으로 영국에서 발생한 광우병Bovine Spongiform Encephalopathy, BSE의 병원체를 실험쥐에 이식하는 데 성공했다. 광우병은 소에게서 나타나는 스크래피와 유사한 질병이었다. 그리고 이 병원체의 잠복기와 뇌의 병리적인 변화를 측정한 결과, 광우병이 스크래피의 다양한 계통과는 달리 단일 계통의 질병에서 감염되었다는 사실을 발견했다. 그리고 당시 광우병이 확산되면서 동물원에서 사육되던 얼룩영양과 니알라영양nyala 그리고 집고양이가 광우병과 비슷한 증세로 죽었다는 사실이 알려졌다. 그녀는 광우병 병원체를 얼룩영양, 니알라영양, 집고양이에 전이시키는 실험을 했다. 또 양, 염소, 돼지에게도 광우병 병원체를 주입하였다. 이 일곱 종류의 실험동물에서 뇌의 병리적인 변화를 측정해본 결과 광우병 병원체는 어떠한 변화도 없이 일정하게 일곱 종류의 실험동물에게 똑같이 나타났다.[114]

에든버러의 연구자들의 실험 결과는 프루지너 연구 팀에게 또 다른 어려움을 주었다. 문제는 종간 장벽을 건너 병원체가 감염될 경우 만일 병원체가 일정한 유전정보를 갖고 있다면 다른 생물종에 전이될 때도 그 근본적인 성격이 변화하지 않는다는 점이다. 하지만 프루지너의 감염성 단백질인 프리온은 이와 같이 일정한 병리적인 성격과 잠복기를 유지하지 못한다는 단점이 있었다.

당시까지 프루지너는 에든버러 연구자들이 주장하던 계통적 다양성에 대해 어떤 과학적인 설명을 내놓지 못하고 있었다. 이 때문에 많은 연구자들은 프루지너의 프리온 이론에 대해 의구심을 버리지 못하고 있었다. 영국의 동물보건연구소Institute of Animal Health, IAH의 분자생물학자였던 크리스 보스톡Chris Bostock은 "여기에서는 많은 다양한 종류의 동물에게서 나타나는 비정상적 프리온 단백질을 실험쥐에 전이시키고 있다. 그리고 동일한 생물학적인 변화를 관찰하게 된다. 프리온 단일 이론을 지지하는 사람들은 이 문제를 설명하기 어려울 것이다"라고 프리온 이론에 대해 회의적인 입장을 보였다.[115] 그리고 프리온 단일 이론의 수장격인 바이스만도 이러한 어

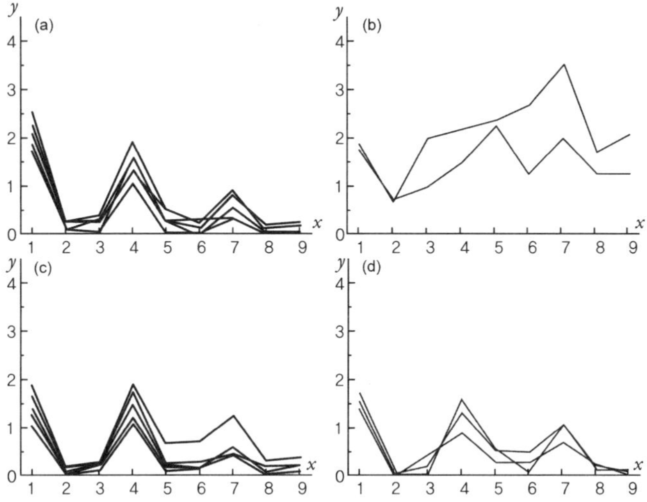

*x*축 : 뇌의 상태, *y*축 : 공포 현상

모이라 브루스 연구진이 수행한 광우병 감염 동물의 뇌에서 나타나는 병리적인 변화 패턴
(a) 광우병을 실험쥐에 전이했을 때 나타난 변화
(b) 자연적으로 발생한 스크래피를 실험쥐에게 전이한 경우
(c) 광우병 병원체를 고양이와 얼룩영양 그리고 니알라영양에 전이한 경우
(d) 광우병 병원체를 양과 염소, 돼지에 전이한 경우
광우병 병원체를 전이한 (a), (c)와 (d)는 동일한 병리적인 변화 패턴을 보인다. 즉 종간장벽을 넘어서도 이 병원체는 근본적인 성격이 전혀 변화되지 않는다. 하지만 (b)의 경우, 스크래피는 나머지 광우병과 뚜렷하게 구분되는 병리적 변화 패턴을 보인다.

려움을 인정하였다. 그는 "모이라 브루스의 연구 결과는 많은 설명을 요구하고 있다. 이 문제를 프리온 단일 이론으로 설명하기 위해서는 좀더 많은 노력이 필요할 것이다"라고 말했다.[116] 그런데도 프루지너는 이 런던학회에서 에든버러 연구자들의 계통적 다양성을 인정하려고 하지 않았다. 그는 계속해서 자신의 연구 결과에 따르면 프리온은 핵산을 가지고 있지 않다고 강조할 뿐이었다.

이 학회에서 두 진영은 모두 자신들의 승리를 선언하였다. 프루지너의 프리온 이론 진영은 이식 유전자 실험 및 결손 유전자 실험을 통해서 스크래피를 일으키는 병원체는 프리온 단백질이며 기존 핵산을 갖고 있는 바이러스와는 전혀 다르다는 것을 밝혔으며, 이 실험들은 프리온 논쟁의 전환점을 마련하였다고 주장하였다.

반면에서 모이라 브루스는 다른 평가를 내렸다. 그녀는 필자와의 인터뷰에서 "우리의 연구 결과는 바이스만과 같은 사람들에게 큰 영향을 미쳤다. 이들은 갑자기 이 계통적 다양성을 설명해야 할 주제라고 생각했다. 런던회의에서 모든 사람들은 계통적 다양성에 대해 이야기했다. 사실 그 전에는 대부분의 사람들은 이 문제를 무시했다. 나는 이 문제를 실제적인 문제로 제기했으며 많은 사람들은 이 문제를 받아들였다. 우리는 승리했다! 사람들은 병원체에 일종의 유전정보가 존재한다는 사실을 받아들이기 시작했다"고 말했다.[117]

이런 상황에서도 프루지너는 어떻게 정상적인 단백질이 비정상적인 프리온 단백질로 전환되는지에 대해 설명하려 했다. 프루지너와 샌프란시스코의 단백질 구조 변화의 전문가였던 프레드 코헨 Fred Cohen은 정상적인 형태의 프리온 단백질과 병리적 프리온 단백질의 화학적인 구조의 차이를 연구했다.

이미 1930년대에 노벨상 수상자인 라이너스 폴링은 단백질은 두 가지로 구분할 수 있는 구조로 되어 있다는 사실을 밝혔다. 단백질은 보통 알파나선 구조α-helix와 베타(병풍)구조β-sheet로 이루어져 있다는 사실이다.

프루지너와 코헨은 정상적인 프리온 단백질은 보통 알파나선 구조로 되어 있지만 질병을 일으키는 비정상적인 프리온 단백질은 그 구조가 베타(병풍)구조로 변화되어 있다는 사실을 알게 되었다.[118]

프루지너가 발견한 단백질 구조의 규모는 몇 가지 중요한 함의를 지닌다. 이것은 프루지너가 조심스럽게 제기했던 프리온 단백질의 유전정보 번역후 변형post-translational modification을 보여주는 중요한 실험증거였다. 연구자들은 정상적인 프리온 단백질PrP^{c}과 비정상 병리적 프리온 단백질PrP^{sc}은 근본적인 아미노산 배열에는 차이가 전혀 없는 기본적으로 동일한 단백질이라는 사실을 발견한 후, 이 문제를 놓고 오랫동안 해결 방안을 고민해왔다.

하지만 프루지너는 정상 프리온과 비정상 프리온의 차이는 아미노산 배열의 차이가 아닌, 일단 형성된 단백질의 형태가 변화하는 3차원적 구조상의 변화일 뿐이라고 주장한 바 있다. 단백질의 형태상에 나타난 알파나선 구조와 베타(병풍)구조의 차이는 이러한 3차원적 구조의 차이를 잘 보여주는 증거이다.

이 실험 결과를 통해 프루지너는, 프리온 단백질은 고유한 유전정보를 보유한 핵산의 도움 없이 단백질의 형태변화conformational change로 질병을 일으키는 것이라고 더욱더 믿기 시작했다. 즉 프리

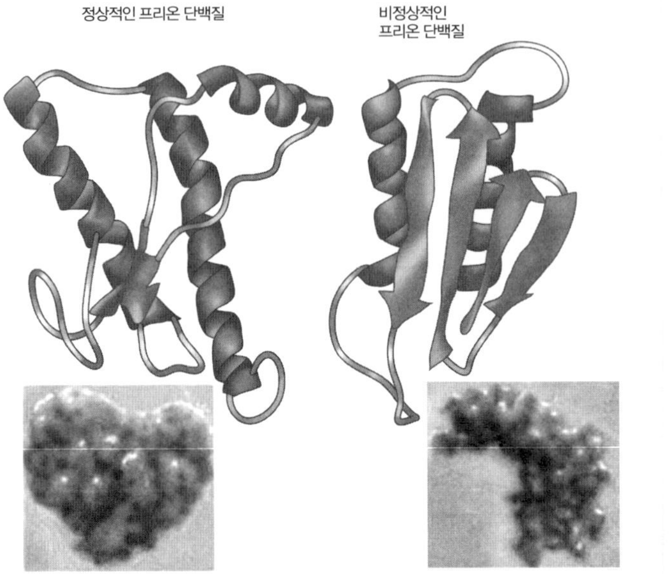

프리온 단백질의 두 가지 구조
정상적인 프리온 단백질은 알파나선 구조로 되어 있다(왼쪽). 하지만 질병을 일으키는 비정상적인 프리온 단백질은 구조가 평평하게 변하여 베타(병풍)구조로 이루어진 특성을 보인다.

온 단백질은 마치 지킬박사와 하이드처럼 두 얼굴의 사람과 같은 성질을 지닌 병원체였다. 어떤 순간에 프리온 단백질은 온순하고 아무런 피해를 일으키지 않는 정상적인 단백질의 하나이다. 하지만 갑자기 날카로운 병풍 모양이 되어 뇌세포를 파괴해버리는 무서운 단백질로 돌변하는 것이다.

미해결 사건 : 프리온

프리온 논쟁은 완전히 종결되지 않았다. 1990년대 초에 프루지너는 분자생물학과 단백질 연구 분야의 최신기술을 이용하여 프리온의 특이한 성격을 보여줌으로써 많은 과학자들에게 지지를 받았다.

그러나 여전히 스크래피 연구자들 가운데 대부분은 프루지너의 프리온 이론을 쉽게 받아들이지 않았다. 특히 당시 에든버러 연구자들이 줄곧 제시해온 스크래피 병원체의 계통적 다양성, 뉴욕의 연구자들과 예일 대학의 마누엘리디스 그룹이 제기해온 프리온 단백질의 감염성에 대한 문제가 해결되지 않고 있었다.

더구나 프루지너 그룹과 그 밖의 과학자들은 다른 세포를 제거하고 완전히 순수한 형태의 프리온 단백질을 만들어 정상적 프리온 단백질을 비정상적 프리온 단백질로 전환하는 실험을 하고 있었다.

지금까지 모든 과학자들은 프리온 단백질에 대한 실험을 할 때 다른 세포 구성물까지 포함하여 실험을 해왔다. 하지만 1980년대 중반부터 일부 과학자들은 프리온 단백질을 그 화학적 구성물에 근거하여 완전히 순수한 형태로 만들어 병원체로 전환하려는 실험을 진행했다. 이미 일부 과학자들은 프리온 단백질을 연구하면서 그 주변에서 바이러스로 보이는 매우 작은 입자를 발견했다고 보고하였다.[119] 만일 이들 연구자들이 이 바이러스로 보이는 입자의 구조를 세심하게 연구하여 질병을 일으키는 감염성을 보여주게 된다면 프리온 이론은 근거를 완전히 잃을 수도 있었다. 이러한 상황에서 순수한 프리온 단백질을 만들어 감염성을 보여주는 것은 프리온 논쟁을 종결짓는 최후의 결정적 증거가 될 수 있다고 프루지너와 다른 연구자들은 믿고 있었다.

바이스만에 따르면 "이 분야에서 결정적인 실험은 정상적 프리온 단백질을 세포가 존재하지 않는 상태에서 생합성biosynthesis을 통해 만들어내는 것이다. 이 조건에서는 그 어떤 감염성 핵산이 존재할 수 없다. 그리고 실험관에서 이 프리온 단백질을 감염성이 있는 비정상적 프리온 단백질로 만드는 것이다. 만일 이 실험이 성공한다면 프리온 이론은 99.9999퍼센트 입증되는 것이다"라고 말했다.[120]

이 실험관 프리온은 이미 몇 차례에 걸쳐 많은 연구자들이 시도한 실험이었다. 1994년 로키산맥연구소의 젊은 생화학자인 바이런 코헤이Byron Caughey와 매사추세츠 공과대학MIT의 화학자인 피터 랜즈버리Peter Landsbury는 실험관에서 인공합성을 통해 만들어낸 정상적인 프리온 단백질을 비정상적인 프리온 단백질로 전환하는 데 성공했다.[121] 하지만 문제는 실험관 프리온을 실험쥐에게 주입했을 때 전혀 스크래피 증상이 나타나지 않는다는 점이었다.

프루지너 그룹도 이와 유사한 실험을 진행한 바 있다. 프루지너의 동료인 프레드 코헨도 코헤이와 랜즈버리가 시도한 실험을 통해 실험관에서 인공합성을 통해 정상적인 프리온 단백질을 만들어낼 수 있었으며 이 중 일부를 비정상적인 프리온 단백질로 전환하는 데 성공했다. 하지만 그도 감염성의 문제를 해결할 수 없었다.[122]

프루지너와 그의 동료들은 이 문제를 프리온 단백질의 변형 메커니즘만 가지고서는 설명할 수 없었다. 인공합성을 통해 만들어낸 프리온 단백질에는 전혀 문제가 없었으며 질병을 일으키는 단백질로 변형하는 데도 아무런 문제 없이 진행되었다. 하지만 왜 이 완벽하게 재구성된 실험관 프리온은 질병을 일으키지 못하는 것일까?

이에 대해 코헨은 조심스럽게 다른 요인이 개입할 수 있다는 가설을 제기했다. 그는 "우리는 정상적인 프리온을 질병을 일으키는 상태로 변형할 때 무언가 다른 요인이 개입했을 것이라 생각한다"고 말했다.[123]

예를 들어 프루지너 그룹이 만들어낸 이식 유전자 실험에서 매우 이례적인 실험 결과가 나왔다. 이미 논의한 것처럼 프루지너 그룹은 실험쥐에 햄스터 프리온 유전자를 삽입하는 데 성공하여 실험쥐이지만 햄스터 유전자를 가진 이식 유전자를 만들어냈다.[124] 그리고 이 기술을 더욱 발전시켜 햄스터 프리온 유전자와 실험쥐 프리온 유전자를 함께 결합한 서로 다른 조직 공생체, 즉 키메라 유전자chimera gene를 만들어내는 데 성공했다. 만일 이 키메라 유전자를 가진 실험쥐에 쥐 스크래피와 햄스터 스크래피 병원체를 주입하면 각각 실험쥐 스크래피와 햄스터 스크래피의 증상이 나타난다는 사실을 알아냈다.[125]

하지만 다른 실험에서는 뜻밖의 결과가 나왔다. 마이크 스콧Mike Scott과 다른 이식 유전자 전문가인 글렌 텔링Glenn Telling은 이 기술을 인간의 유전자로 확대한다. 그리하여 인간의 프리온 유전자를 실험쥐에게 주입하여 인간의 프리온 유전자를 가진 실험쥐를 만드는 데 성공한다. 이 실험쥐에 인간 프리온 질환인 크로이츠펠트야코프병을 주입하였다. 물론 인간의 프리온 유전자를 가진 실험쥐는 쉽게 인간 프리온 질환인 크로이츠펠트야코프병의 증상을 보일 것으로 예상했다. 그렇지만 실험 결과는 정반대였다. 실험쥐는 아무런 증상을 보이지 않고 건강하게 잘 지냈다.

연구자들을 더욱 혼란스럽게 한 것은 스콧과 텔링이 만들어낸 인간-실험쥐 합성 키메라 유전자 실험쥐를 대상으로 한 실험이었다. 이 실험쥐는 인간의 프리온 유전자와 실험쥐의 유전자를 결합해 만든 것으로 이 실험쥐에게 크로이츠펠트야코프병의 병원체를 주입했더니 바로 병의 증상을 보였다.[126] 지금까지 프루지너의 연구 팀이 수행한 여섯 가지 실험을 간단하게 설명하면 다음과 같다.

(1) 햄스터 스크래피 병원체 - 정상 실험쥐 - 무변화
(2) 햄스터 스크래피 병원체 - 햄스터 이식 유전자 실험쥐(햄스터와 실험쥐 유전자 공존) - 햄스터 스크래피 증상
(3) 햄스터 스크래피 병원체 - 키메라 유전자 실험쥐(햄스터+실험쥐 결합 유전자) - 햄스터 스크래피 증상
(4) 실험쥐 스크래피 병원체 - 키메라 유전자 실험쥐(햄스터+실험쥐 결합 유전자) - 실험쥐 스크래피 증상
(5) 인간 크로이츠펠트야코프병 병원체 - 인간 이식 유전자 실험쥐(인간과 실험쥐 유전자 공존) - 무변화
(6) 인간 크로이츠펠트야코프병 병원체 - 키메라 유전자 실험쥐(인간+실험쥐 결합유전자) - 크로이츠펠트야코프병 증상

즉 (5)번과 (6)번 실험에서 연구자들을 혼란스럽게 한 것은 왜

인간 유전자가 포함된 실험쥐에서 인간 프리온 질환이 나타나지 않는가 하는 문제였다. 반면 인간과 쥐의 유전자를 결합할 때는 인간 프리온 질환이 발생하는 이상한 현상이 일어났다. 이것은 실험관 프리온의 변환 실험에서 나타난 것처럼 실험관에서 프리온 단백질을 정상 형태에서 비정상 형태로 전환하는 데 성공하더라도 결국 가장 중요한 질병을 일으킬 수 있는 감염성을 얻어내지 못한 것과 일치되는 실험 결과였다.

이 문제를 해결하기 위해 프루지너와 그의 동료들은 교묘하게 문제를 빠져나가는 방법을 생각해냈다. 그것은 알려지지 않은 (또는 발견되지 않은) 어떤 단백질 요소의 존재를 설명에 포함하는 것이었다. 즉 이 단백질 요소는 프리온 단백질과는 전혀 상관없는 다른 단백질과 연관된 요소로, 질병을 일으키는 데 관여하고 정상적 프리온 단백질을 비정상적으로 전환하는 데 중요한 역할을 하는 것이라는 가설을 세운다. 그리고 프루지너는 이 부가적인 단백질 요소를 '단백질 엑스protein-x'라고 부른다.[127]

이 문제에 대해 프레드 코헨은 필자와의 인터뷰에서 다음과 같이 이 가상의 물질인 '단백질 엑스'에 대해 설명했다.

"비록 단백질은 자체적으로 그 모양이 변화하지만 이것은 일반적인 현상이 아니다. 일반적으로 단백질의 모양을 변화시키는 역할을 하는 조직이 존재한다. 그래서 우리가 제시한 개념은 프리온 단백질이 자체적으로 혼자서 그 모양을 전환할 수 없다는 가능성을 제기한 것이다. 단백질의 형태 변화를 일으키는 데 도움을 주는 부가적인 요소가 존재한다고 주장한다."[128]

실제로 이 단백질 엑스의 기능과 정체가 무엇인지 밝혀낸 것은 아무것도 없다. 지금까지 단백질 엑스는 가설로 내세운 부가 요소일 뿐 실제로 발견된 실체가 아니다. 그런데도 프루지너와 코헨은 프리온 단백질이 병원체로 전환되는 것을 설명하기 위해서, 지금까지 해명되지 않는 실험 결과를 설명하기 위해 부가 개념을 사용한 것이다.

이른바 프리온 가설에 또 다른 부가적인 가설을 덧붙이는 것은 프리온 이론에 비판적이었던 연구자들로서는 더 이상 받아들일 수 없는 설명 방식이었다.

로키산맥연구소의 연구자였던 리처드 레이스는 이 부가적인 개념이 사실 아직 발견되지 않은 바이러스적인 요소와 비슷할 수 있다고 지적했다. 레이스는 "내 생각에 단백질 엑스가 존재할 것이라는 강력한 증거는 없을 것으로 본다. 단백질 엑스는 아마 프리온 단백질 자체일 것이다. 물론 다른 요소가 있긴 할 것이다. 그것은 아마도 바이러스와 비슷한 요소가 아닐까 생각한다"고 프루지너의 설명 방식에 대해 회의적인 반응을 보였다.[129]

예일 대학의 로라 마누엘리디스는 코헨과 프루지너의 단백질 엑스 가설은 일종의 "지적인 곡예"에 불과하다고 강력하게 비판했다. 그녀는 각기 성격이 다른 프로테아제에 녹지 않는 프리온 단백질 입자가 하나는 감염성을 가지고 있고 다른 하나는 감염성을 가지고 있지 않다고 말하는 것은 전혀 과학적으로 설득력이 없으며 단백질 엑스라고 부르는 것은 차라리 바이러스와 비슷하다고 주장

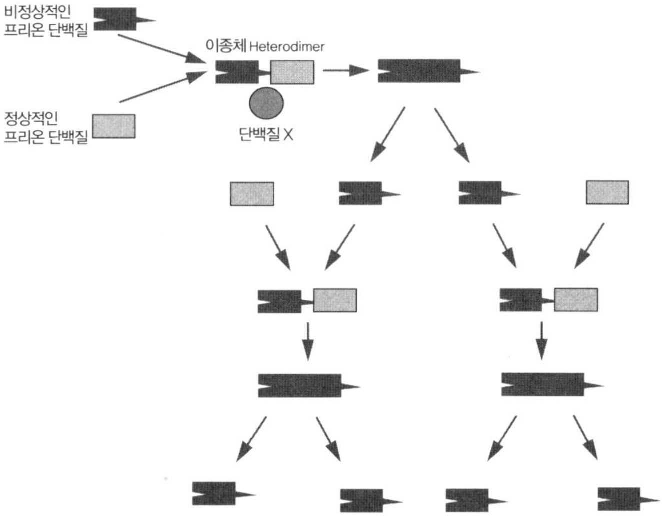

단백질 엑스(protein-x)와 프리온 단백질의 변환
정상적인 프리온 단백질PrP^C^이 질병을 일으키는 비정상적인 프리온 단백질PrP^SC^로 전환되기 위해서는 단백질 엑스라고 불리는 부가적인 가상의 요소가 있어야 한다.

했다.[130]

이처럼 프리온 질병이라 불리기 시작한 학계의 논쟁은 시간이 지날수록 해결되기는커녕 점점 더 복잡해져갔다. 실제 프리온 이론을 주창한 프루지너의 주장은 일부 과학자들 사이에서 점차 일반적인 이론으로 받아들여졌지만 대부분 실제 프리온 질환을 연구하는 학자들은 프리온 단일 이론에 대해 회의적인 입장이었다.

하지만 지금까지 학술적인 논쟁에 매달려온 이 분야의 학자들에게 갑자기 정치적이고 사회적인 스포트라이트가 집중되기 시작한다. 그것은 바로 인간광우병의 확산 때문이었다.

1996년 영국에서는 광우병에 감염된 쇠고기를 먹은 사람들이 하나둘씩 쓰러지기 시작했다. 갑작스런 비상 상황으로 광우병 연구자들은 사람들에게 하루빨리 해답을 제시해야 했다. 하지만 이미 논의한 것처럼 과학자들은 별 뾰족한 해답을 내놓을 수 없었다. 학계는 이 질병에 대해 완전한 합의를 이루지 못한 상태였으며 치료법을 제시하기는커녕 인간광우병을 일으키는 병원체의 근본적인 성격조차 알아내지 못한 상태였다. 그러면서도 이 원인 불명의 질병에 대해 최소한의 이론을 제시한 프루지너의 연구 성과에 세간의 이목이 집중되기 시작했다.

당시 캘리포니아 주립대학 샌프란시스코의 학장이었던 조지프 마틴Joseph Martin은 여러 가지 면에서 프루지너의 프리온 이론은 가장 적합한 설명이라고 주장하였다.[131] 그리고 많은 의학자들과 생물학자들은 프루지너의 과감한 연구방식에 대해 관심을 표하면서 스크래피와 광우병을 비롯한 일련의 질병들은 단순히 바이러스에 의한 질병이 아니라 전혀 새로운 질병일 수 있다는 가능성을 받아들이기 시작한다. 이렇게 과학자들이 합의하자 결국 1994년 프루지너는 앨버트 라스커 임상의학연구상Albert Lasker Clinical Medical Research Award을 수상한다. 그리고 1997년 10월 6일 스웨덴의 카롤린스카연구소Karolinska Institute는 프루지너에게 노벨의학상을 수여하기로 결정한다. 당시 카롤린스카연구소는 "프루지너 교수는 바이러스와 박테리아, 균류 그리고 기생충과 더불어 프리온이 새로운 질병을 일으키는 병원체라는 사실을 발견하였다. 프루지너의 발견은 알츠하이머병과 같은 퇴행성 뇌질환을 이해하는 데 새로운 접근법을 제시하였으며 미래의 약물개발과 의학적 치료전략에 새로운 방법을 제시하였다"고 평가했다.[132]

프루지너의 노벨의학상 수상 소식은 이 분야에서 두 번째 노벨상을 배출하는 것이었으며 지난 15년 동안 지속되어온 프리온 논쟁의 종식을 알리는 소식이었다. 그렇다고 해서 논란이 완전히 사라진 것은 아니었다. 프루지너의 수상 소식을 알리는 모든 언론은 이례적으로 프루지너의 이론이 지닌 한계에 대해서도 소개했다.

또 많은 학자들은 노벨상 선정위원회의 결정을 비판했다. 예일대학 의과대학의 신경학자 로라 마누엘리디스는 노벨상 선정위원회의 이러한 결정은 미래 스크래피와 광우병을 연구하는 데 방향을 제한하는 결과를 가져올 것이며 프리온 이론의 접근법 외에 다른 대안적인 연구 접근방식을 고사시킬 수 있다고 비판했다.

그리고 미네소타 주립대학의 미생물학자인 애실리 하스Ashiley Haase는 이 병원체의 감염능력이 완전히 과학적으로 입증될 때까지 노벨상 선정위원회가 결정을 미루어야 했다고 노벨상 선정위원회의 결정을 직접적으로 비판하였다.[133] 하지만 노벨상 선정위원회의

노벨상을 수상하는 스탠리 프루지너 캘리포니아 주립대학 샌프란스시코 의대 교수(왼쪽)

부위원장이었던 랄프 페터슨Ralf Petersson은 이러한 결정을 옹호하였다. 그는 1980년대의 프리온 논쟁을 잘 알고 있었으며 세부적인 사항은 앞으로 시간이 지나면서 해결될 것이라고 주장했다.[134]

이러한 모든 비판과 논란에도 이것은 프루지너의 노력과 과감한 해석과 실험의 결과였다. 그리고 승자는 모든 것을 갖게 된다. 1960년대부터 본격적으로 시작된 스크래피와 쿠루, 크로이츠펠트 야코프병, 그리고 광우병에 대한 연구의 모든 성과는 온전히 스탠리 프루지너의 프리온 개념으로 집약되고 해석되었다. 이것은 최신 기술을 이용한 분자생물학과 생화학의 승리였으며 프리온 질병은 전혀 새로운 개념의 질병으로 의학교과서에 실리게 되었다.

10장

비극의 씨앗

광우병

제럴드 웰스는 알 수 없는 증상으로 죽은 소의 뇌를 부검하면서 신경세포가 모두 죽어 버리면서 발생한 스펀지 형태의 구멍을 발견하게 된다. 이러한 뇌세포의 변화는 스크래피에 걸린 양에게서 나타나는 증상이라는 것을 웰스는 기억하고 있었다. 그에게 이 발견은 학자로서 새로운 형태의 감염을 알아냈다는 면에서 놀라운 일이었지만, 그보다 영국의 동물 보건문제를 다루는 과학자로서 악몽에 가까운 일이었다. 만일 소에게서 스크래피가 발병했다는 사실이 확인된다면 그것은 영국 축산업계에 치명적인 재난이 되기 때문이다.

비극의 씨앗

1984년 4월 영국의 한 농장에서 키우던 홀스타인프리지안Holstein Friesian종 젖소 한 마리가 갑자기 사납게 변하면서 몸의 균형을 잃는 증상을 보이기 시작했다. 평화스럽게 풀을 뜯던 이 젖소는 갑자기 소리에 민감해지고 안절부절못하기 시작하면서 공격적으로 변하기 시작했다.

수의사들은 이 증상을 완화하기 위해 여러 가지 시도를 했지만 증상이 멈추기는커녕 오히려 균형을 잃고 걸음을 제대로 걷지 못하게 되는 등 점점 악화되고 말았다. 결국 이 소는 폐사되고 소의 뇌는 당시 영국 런던의 외곽 지역인 서리Surrey에 위치한 중앙수의학연구소Central Veterinary Laboratory로 보내졌다. 그리고 인근 농장에서 네 마리의 소가 비슷한 증상을 보이면서 죽기 시작했다.

당시 중앙수의학연구소의 병리학자였던 제럴드 웰스Gerald Wells는 알 수 없는 증상으로 죽은 소의 뇌를 부검하면서 신경세포가 모두 죽어버리면서 발생한 스펀지 형태의 구멍을 발견하게 된다. 이러한 뇌세포의 변화는 스크래피에 걸린 양에게서 나타나는 증상이라는 것을 웰스는 기억하고 있었다. 그에게 이 발견은 학자로서 새로운 형태의 감염을 알아냈다는 면에서 놀라운 일이었지만, 그보다 영국의 동물 보건문제를 다루는 과학자로서 악몽에 가까운 일이었다. 만일 소에게서 스크래피가 발병했다는 사실이 확인된다면 그것은 영국 축산업계에 치명적인 재난이 되기 때문이었다.

웰스는 이 소의 뇌를 화학 처리하면서 스크래피에 걸린 뇌에서 발견되는 스크래피 관련 섬유소와 매우 비슷한 섬유소를 발견한다. 웰스와 그의 연구진은 이와 같은 사실을 수의학연구지에 보고하면서 소에게서 나타난 새로운 뇌증이라고 발표한다.[135] 이것이 전 유럽은 물론 전 세계를 공포에 몰아넣은 광우병의 시작이었다.

광우병은 대부분 4세에서 5세 사이의 소에게서 발생한다. 또 소가 30개월이 넘었을 때 뇌에서 문제의 프리온 단백질이 축적되면서 증상을 나타내기 시작했다. 광우병이란 이름은 소가 마치 미친 듯이 주변의 소리나 움직임에 예민해지고 공격적으로 변화하기 때문에 붙여진 것이지만, 실제로는 소가 미쳤다기보다는 예민해지고 균형을 잃으면서 불안해하는 소의 불안증으로 보아야 한다. 보통 뇌세포의 병변은 척추가 뇌와 연결되는 회백질grey matter에서 일어나며 뇌에 구멍이 뚫린 것처럼 보이는 공포vacuole가 나타나 스펀지처럼 변한다.

광우병 소식은 영국의 수의학계를 발칵 뒤집어놓는 사건이었다. 이미 많은 학자들과 정부의 당국자들은 스크래피가 영국 목축업에 가져온 피해를 알고 있었으며 특히 스크래피와 유사한 질병이 소에게서 발생했다면 쇠고기 수출과 관련한 무역이 큰 타격을 입을 것은 불을 보듯 뻔한 일이었다. 중앙수의학연구소의 병리학 분과장을 맡고 있던 레이 브래들리Ray Bradley는 광우병이 인간에 전이될 때 생기는 엄청난 피해에 대해서도 지적하면서 이 문제의 심각성을 상기시켰다.

그는 1986년 12월에 이 문제에 대해 "만일 이 질병이 소 스크래

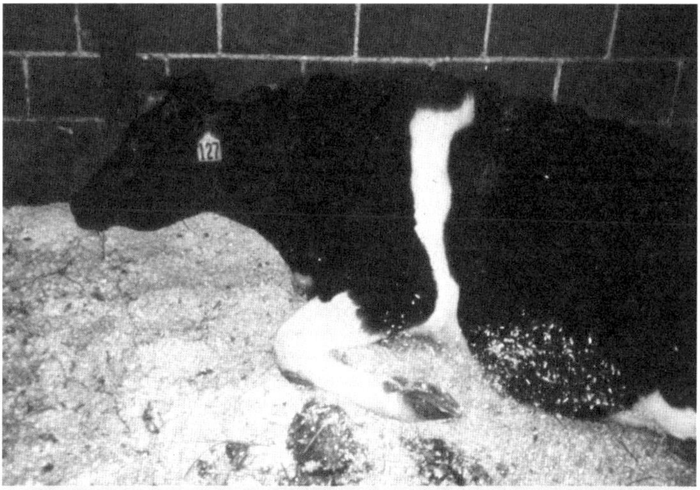
광우병에 걸린 소의 모습

피로 판정된다면 목축생산품 수출에 엄청난 피해를 줄 것이며, 광우병이 인간에게도 옮는 것이라면 더욱더 엄청난 문제를 일으킬 것이다"라고 경고했다.[136]

이에 영국 정부는 1987년 6월부터 영국 전체의 모든 소를 대상으로 역학조사를 실시하게 된다. 이 역학조사에 따르면 1987년 당시 적어도 5만 마리의 소가 광우병에 걸린 것으로 드러났으며, 앞으로 10년 동안 16만 마리의 소가 광우병에 걸려 폐사될 운명이었다. 옥스퍼드 연구자들은 제럴드 웰스의 연구가 발표되기 전에도 이미 20만 마리의 소가 광우병에 감염되었을 것이라고 주장했다.

그렇다면 도대체 이 질병이 어떻게 소에게 전염되었을까? 보통 양과 염소에게서 발생하는 스크래피는 종간 장벽을 쉽게 뛰어넘지 못하는 것으로 알려져 있었다. 즉 양의 스크래피는 감염된 양고기를 사람들이 먹는다고 해도 절대로 인간에게 전염되지 않는다. 그리고 초식동물이 스크래피에 걸린 양고기를 먹는다는 것도 불가능한 일이었다.

그런데도 소에게서 나타나는 증상과 뇌의 병리학적 변화는 스크래피에 걸린 양의 모습과 너무나 비슷했다. 이 문제를 해결하기 위해 중앙수의학연구소는 연구원이었던 존 윌스미스John Wilesmith를 중심으로 광우병의 원인을 찾기 시작했다. 윌스미스는 광우병의 역학적인 원인이 될 수 있는 몇 가지 가능성을 찾아낼 수 있었다.

첫 번째로 광우병이 발생한 모든 경우에 백신 접종, 호르몬 치료, 기생충 치료 등 치료 과정에서 공통적인 요인을 발견할 수 없었다. 두 번째로 광우병은 단순한 유전병이 아니라는 것이 많은 연구를 통해 드러났다. 특히 광우병의 증상과 뇌 병변의 모습이 스크래피와 매우 유사하기 때문에 유전병의 가능성을 광우병에서도 배제할 수 있었다. 세 번째로 질병에 걸린 소의 나이를 살펴본 결과 대부분 질병을 일으킬 수 있는 감염원에 노출된 시점이 1981년에서 1982년이었다. 네 번째 영국 정부의 주무부처였던 농업수산식품부MAFF는 1987년 6월까지 광우병 발생에 대한 정보를 당시 영국에서 감염성 해면상뇌증 연구를 담당하던 에든버러의 신경병리발생연구 소neuropathogenesis unit에 알리지 않다가 문제가 심각해지면서 이 사실을 알렸다. 때문에 에든버러의 연구자들은 갑작스럽게 광우병과 스크

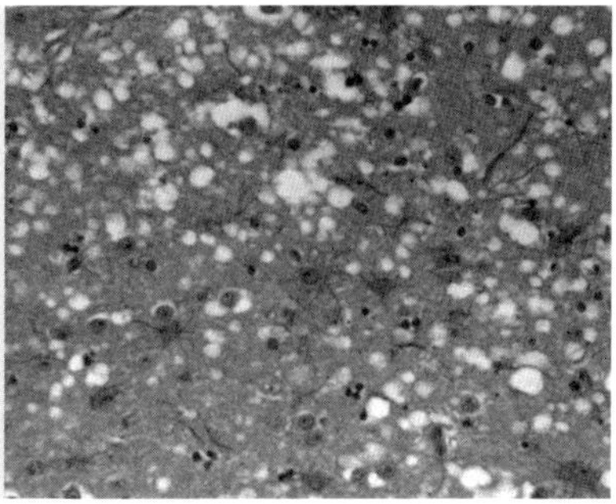

광우병에 걸린 소의 뇌조직. 스펀지처럼 구멍이 나 있다.

래피의 연관성에 대해 연구하기 시작한다. 그리고 거의 일 년이 지난 뒤에 에든버러의 스크래피 병리학 전문가인 휴 프레이저는 광우병의 감염 경로가 다양한 경로가 아닌 단일 경로를 통한다는 사실을 실험쥐를 대상으로 한 연구를 통해 밝혔다. 동물 대 동물의 직간접적인 접촉에 따른 감염 가능성을 배제할 수 있는 연구였다.[137] 또 이 실험 결과를 토대로 윌스미스는 광우병이 소의 먹이를 통해 유입되었을 가능성이 가장 높다는 결론을 내렸다.[138]

물론 소는 푸른 초원에서 풀을 뜯으면 평화롭게 지내면서 우리 인간에게 필요한 고기와 우유를 제공하는 동물이다. 하지만 겨울철이 되면 소의 먹이가 되는 목초가 희귀해져 소는 여름처럼 풍부하게 목초를 뜯을 수 없게 된다. 또 소 사육이 상업적으로 발전하고 대단위로 규모가 증가하면서 사람들이 상상하는 것 같은 푸른 초원에서 풀을 뜯는 모습은 그저 표면적인 이미지에 불과할 뿐 대부분의 소는 상업용 사료에 의존한다.

윌스미스의 연구 팀이 광우병의 원인으로 관심을 집중한 대상은 바로 이 상업용 사료였다. 특히 젖소를 사육하기 위해서는 일 년 내내 풍부한 단백질을 공급해야 하기 때문에 목축업자들은 이러한 단백질 공급을 위해 보통 사료 외에 영양을 보충할 수 있는 부가적인 사료를 사용한다. 연구자들의 관심을 끈 것은 바로 단백질을 공급하기 위해 죽은 동물의 지방을 녹여서 만든 농축사료였다. 윌스미스 연구 팀은 중앙수의학연구소에서도 상당히 작은 부서에 불과했다. 그렇지만 그와 그의 동료들은 광우병의 발생 원인에 대해 끈질기고 지속적인 연구를 수행하면서 다양한 가능성을 하나씩 배제하기 시작했다. 결국 마지막으로 남은 가장 가능성이 높은 원인은 바로 이 초식동물에게 먹인 동물성 농축사료, 즉 육골분Meat-bone-Meal, MBM이었다.

규제 완화, 경제성 그리고 시장 중심주의

윌스미스의 연구 팀을 혼란스럽게 했던 한 가지 중요한 문제는 왜 1980년대에 들어서 이 육골분이 문제가 되는가라는 부분이었다. 육골분의 사용은 최근 현상이 아니었다. 이미 19세기부터 육골분 사용의 효율성에 대한 논의가 이루어지고 있었다. 1893년 프랑스의 시데리우스Siderius가 쓴 글을 보면 가축에 대한 동물성 사료의 사용 가능성을 발견할 수 있다. 그는 "가축사료로 동물의 고기를 사용할 수 있다. 특히 리비히Liebig 고기추출물의 잔류물질 사용은 널리 보급

되고 있다. 젖소와 육우는 처음에는 이 사료를 먹지 않으려고 했다. 그러나 일단 소가 이 사료를 받아들이기 시작하면 소 먹이에 이 사료를 조금씩 섞어 먹일 수 있다. 하루에 약 1.5킬로그램 정도를 사용할 수 있다. 이 사료에 가장 저항이 심한 동물은 양이지만 일단 이 사료를 먹기 시작하면 자연스럽게 받아들인다."[139]라고 적고 있다. 영국의 경우 육골분 사용은 적어도 1926년부터 시작된 것으로 알려지고 있으며 그 뒤에 다른 나라에서도 대부분 육골분을 사용했다.[140]

소위 육골분이라고 알려진 동물성 사료가 본격적으로 사용되기 시작한 때는 목축업이 집약적인 산업으로 전환된 1960년대와 1970년대로 소량의 육골분 사용은 젖소에게 필요한 단백질을 효과적으로 제공할 수 있는 방법으로 보편화되기 시작했다.

육골분을 만드는 과정은 대단위 공정이 필요하다. 일단 식용으로 쓰이는 고기 외에 버려지는 동물의 부산물을 거대한 오븐에 넣어서 높은 온도로 끓인다. 그러면 그 결과물로 두 가지 물질이 생산되는데, 육골분과 수지(동물지방)이다. 이 과정에서 유기용매제organic solvent를 사용하면 더 많은 수지를 얻어낼 수 있고 높은 온도로 가열하면 이 유기용매제를 제거할 수 있다.[141] 크림처럼 생긴 백색의 수지는 보통 양초를 만들거나 비누의 재료로 쓰인다. 하지만 좀더 무거운 단백질은 정제과정에서 바닥에 가라앉고 이것은 동물의 먹이로 사용될 수 있다.

문제가 되는 지점은 이 정제과정에서 스크래피에 감염된 양이나 염소의 단백질이 완전히 제거되지 않은 채 살아남을 수 있다는 점이었다. 현대 농업에서 이 동물성 사료의 원료는 도살장에서 버려지는 고기의 내장 부분을 사용한다. 즉 동물의 방광이나 횡경막, 젖통, 머리 부분, 뼈 등을 사용한다. 한 마리의 소를 도살할 경우 고기로 사용되지 않고 버려지는 부분은 3분의 1 정도가 된다. 또 지방정제공장은 음식으로 쓰이지 못 하는 소위 다우너(한국에서도 지난 광우병 파동 당시에 큰 파장을 일으킨 주저앉는 소) 동물을 사용한다. 윌스미스는 정제공장에 사용하는 동물의 44.8퍼센트가 소이며 15.3퍼센트가 양, 20.9퍼센트가 돼지를 사용한다는 사실을 밝혀냈다.[142]

이미 윌스미스의 연구 팀과 에든버러의 과학자들이 발견한 것처럼 광우병에 걸린 소들의 나이를 추적해보면 처음으로 감염에 노출된 시기는 1980년대 초가 된다. 그렇다면 왜 하필 1980년대 초에 육골분 사용이 문제가 되었을까? 이 문제를 해결하기 위해 윌스미스와 연구 팀은 태스크포스의 일원으로 영국의 58개 육골분 정제소를 방문하여 자료를 수집하고 정제방식에 대해 조사했다.

이미 1988년까지 영국에서 동물사료로 쓰인 육골분은 130만 톤이었다. 육골분 생산업체들과 정제공장의 공정 변화는 광우병의 발생원인을 찾는 데 매우 중요하다. 1970년대 초까지 수지는 기름찌꺼기, 즉 육골분의 원료보다 가치가 더 높았다. 더 많은 수지를 얻어내기 위해서는 좀더 값비싼 용매제를 사용하는 것이 현명한 투자 방법이었다. 이 공정에서 육골분의 재료인 기름찌꺼기를 먼저 빼내기 위해 용매제를 넣어 65도에서 70도의 온도에서 끓인다. 그 다음 단계는 벤젠이나 석유, 헥산 등을 사용하여 두세 시간 동안 가열한

동물성 농축사료인 육골분. 목축업자들은 동물에게 단백질을 공급하기 위해 사료에 육골분을 첨가했다.

다. 그리고 용매제와 수지가 섞인 상태에서 다른 용기로 옮겨 105도에서 120도까지 한 시간 동안 가열하면 대부분의 용매제는 증발하여 수지를 얻을 수 있다. 그리고 바닥에 가라앉은 기름찌꺼기는 30분 정도 더 높은 온도의 증기를 통해 나머지 용매제를 제거할 수 있다. 이렇게 하면 수지와 육골분을 얻을 수 있다.

하지만 이러한 상황은 1970년대에 변화하기 시작한다. 특히 수지 가격이 육골분 재료로 사용되는 기름찌꺼기와 비교해서 상대적으로 떨어지기 시작했다. 게다가 육골분 생산이 증가하면서 육골분에 더 많은 지방을 포함시키기 위해 좀더 많은 수지를 기름찌꺼기 부분에 남기기 시작했다. 당시 육골분의 구성 중에서 12퍼센트 정도가 지방이었다. 게다가 더욱 중요한 변화는 세계석유수출국의 카르텔 기구인 세계석유수출국기구OPEC가 일제히 원유 가격을 올리면서 전 세계가 오일쇼크에 빠졌다는 점이다. 갑작스럽게 상승한 원유

가격으로 석유화학물질이 들어가는 기존의 정제과정은 경제성 면에서 문제가 되었다. 게다가 몇 시간 동안을 높은 온도에서 가열해야 하는 정제과정은 많은 에너지를 필요로 했다.

이러한 문제를 해결하기 위해 육골분 생산업체들과 정제공장은 높은 온도에서 가열하는 방식 대신에 원심분리기를 이용하여 육골분 재료를 추출하고 압착을 통해 지방을 추출하는 방식으로 정제방식을 바꾼다. 이 새로운 방식은 기존 정제방식보다 적은 시간 동안 가열해도 수지와 육골분 재료를 추출할 수 있는 이점이 있었다. 또 기존에 사용했던 유기용매제를 사용하지 않아도 정제할 수 있는 방식인 데다가 뜨거운 증기를 사용하거나 부가적인 가열을 통해 용매제를 제거할 필요가 없었기 때문에 에너지 사용량을 줄일 수 있었다. 때문에 1977년에서 1982년 사이에 석유 용매제를 이용하는 방식으로 육골분을 생산하는 비율은 65퍼센트에서 10퍼센트 정도로 감소하게 된다.[143]

이러한 상황의 변화와 새로운 기술의 적용은 기존의 방식과 달리 적은 에너지를 사용하면서도 수지와 육골분 재료를 추출할 수 있는 장점이 있었지만, 다른 한편으로는 우려의 목소리도 있었다. 그것은 낮은 온도와 부가적 가열처리 과정이 생략되어 이전에 안전하게 제거될 수 있었던 병원체들이 완전히 사라지지 않을 수 있다는 점이었다.

특히 1979년에 발표된 왕립 환경오염위원회Royal Commission on Environmental Pollution의 보고서는 이러한 우려를 정식으로 제기하면서

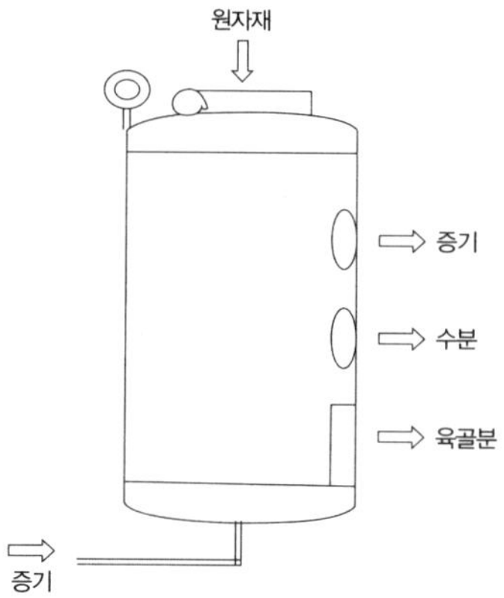

용매제를 이용한 육골분과 수지 추출 정제 과정

당시 집권 말기의 노동당 정부에 정제산업에서 특정한 온도와 최소한의 가열 시간을 결정하는 규정안을 제정할 것을 제안했다.[144] 당시 노동당 정부도 이 문제의 심각성을 인정함에 따라 가열 온도와 시간에 대한 규정을 제정하려고 했다. 하지만 정책적인 결정이 실행되기 전에 총선거에서 노동당 정부가 패배하고 철의 여인으로 유명한 마거릿 대처가 이끄는 보수당 정부가 집권하게 된다. 그리고 1979년 당시 새로운 규제정책을 입안하고 있던 농업수산식품부의 규제정책 초안은 대처 수상에 의해 거부되었다.

당시 새롭게 집권한 정부의 기초적인 정책 원칙은 전반적인 경제 분야의 성장을 위해 기존 좌파 노동당이 수행한 강력한 규제 정책을 완화하는 탈규제 정책이었다. 대처 정부의 이러한 기조에 따라 노동당 정부가 시도한 규제정책은 사실상 산업체의 자율 규제로 전환된다. 소위 대처주의Thatcherism라고 불린 이 원칙은 모든 조건이 동일할 경우에 시장경제활동에서 정부의 개입은 최소화돼야 한다는 철학에 근거했다. 게다가 소비자 보호나 안전표준의 제정은 모두 시장 메커니즘에 의해 결정돼야 한다고 생각했다.

보수당의 농업수산식품부의 새로운 장관으로 임명된 존 거머John Gummer는 "시장 메커니즘은 사람들이 원하지 않는 것을 가려내고 소비자들에게 문제가 되는 것들을 제거하는 데 가장 중요한 역할을 한다. 소비자들의 상식을 과소평가해서는 안 된다"고 말했다.[145]

이러한 기조에 따라 대처 정부는 새로운 규제안 제정을 거부했으며 정부의 지출을 줄이기 위해 기존의 식품안전과 표준을 담당하는 기관을 해체할 계획이었다. 당시 보수당의 새로운 농업수산식품부는 "현재 경제상황에서 산업체들은 자체적으로 최고의 상품을 만들어낼 수 있는 최상의 방법을 찾아야 하며 정부의 역할은 제품의 표준 제정 및 이 표준을 시행하는 것으로 제한되어야 한다"고 언급했다.[146]

또 대처의 보수당 정부는 이후 농업 및 식품생산 분야에 대한 규제완화 정책을 지속적으로 발표한다. 특히 1982년 내각의 응용연구 및 개발을 위한 자문위원회Advisory Council for Applied Research and Development, ACARD는 식품산업과 기술에 대한 보고서를 발표하면서 식품가공산업은 영국의 경제발전에 전략인 핵심 역할을 하기 때문에 식품기술에 대한 투자와 경쟁력을 강화해야 한다고 주장했다.[147] 또 비용절감을 위해서 식품안전에 대한 연구 비용을 줄이는 방안을 제안했다. 그리고 이러한 제안이 일사천리로 통과되어 브리스톨의 식품연구소Institute of Food Research가 폐쇄되었으며 먹거리에 유입될 수 있는 병원체 연구 전문 기관들에 대한 폐쇄 및 해체 절차도 가속화되었다.[148] 특히 당시 광우병과 가장 밀접한 질병인 스크래피와 그 밖의 감염성 퇴행성 신경질환 연구에 있어서 세계적이었던 에든버러의 신경병리발생연구소NPU의 폐쇄도 결정된다.

대처 정부의 이러한 친기업 탈규제 정책으로 영국에서 1980년대 스크래피를 비롯한 질병 연구는 침체기로 들어간다. 그러나 신경병리발생연구소의 폐쇄 결정은 끝내 실행되지 못했다. 그 이유는 매우 간단하다. 정부는 1986년 광우병 발생으로 인해 에든버러의 연구자들이 지닌 전문지식이 필요했기 때문이었다. 그리고 이미 위에서 보았지만 에든버러의 신경병리발생연구소의 과학자들은 광우병의 발생원인을 찾아내는 데 중앙수의학연구소CVL의 연구자들과 함께 핵심 역할을 수행한다.

역학조사를 통해 윌스미스와 연구자들이 알아낸 것은 스크래피의 병원체가 육골분에 유입되어 이것을 섭취한 소가 스크래피에 감염되면서 광우병이 발생한 것이었다. 물론 이것은 과학적인 연관성을 보여주는 것이다. 하지만 문제는 이러한 연관성은 단순히 과학적인 연결고리 이상의 좀더 복잡한 사회적이고 경제적인 역학관계가 존재했다는 점이었다. 즉 광우병 발생은 단순히 질병의 확산과 감염에 따른 보건문제 이상의 의미를 가지고 있었다. 이것은 1970년대에 확산되던 집약농업 방식의 한계를 보여주는 예이자 1979년 시장경제를 신봉하면서 집권한 보수당 정부의 정책적인 한계를 보여준 극단적인 결과였다.

이러한 한계 상황의 징후들은 1980년대에 지속적으로 발생했다. 자율시장경쟁에 의존한 정부개입 최소화 정책 규제 완화는 결국 식품생산과 농업 분야에서 급격한 변화를 일으킨다. 농업 분야에서 박테리아성 질병이 갑작스럽게 증가하면서 비료, 살충제, 제초제, 호르몬 및 항생제 사용이 급증하였다. 그리고 식품가공 산업이 확대되면서 식품첨가제의 확산은 교차오염의 가능성을 증가시켰다.

결국 1980년대 중반부터 소위 식품과 관련한 스캔들이 반복적으로 발생하기 시작한다. 예를 들어 1987년 발생한 살모넬라에 오염된 우유로 63명의 아기들이 병원에 입원치료를 받아야 했으며, 1989년 6월에 보툴리누스 중독으로 한 명이 사망하는 사건이 발생했다. 그리고 리스테리아 감염은 1982년 1만 5000건에서 1988년에 4만 건으로 증가하여, 발생율이 거의 두 배 정도로 높게 나타났다.[149]

이렇게 반복적으로 발생하는 식품관련 질병 증가는 단순히 그 당시 자연적인 질병의 확산과 관련된 것만으로 볼 수는 없다. 이미 주지한 것처럼 이것은 사회적이고 정책적인 문제가 야기한 것으로 보아야 한다. 광우병 발생도 바로 이러한 맥락에서 볼 수밖에 없다. 스크래피가 근교배번식법의 도입을 통해 품종을 인위적으로 개량하려고 한 인간의 탐욕이 불러온 재앙이자 계몽주의의 어두운 한 측면이라고 볼 수 있는 것처럼, 250년이 지난 뒤에 발생한 광우병은 극단적 시장경쟁체제와 집약식 목축업이 가져온 일종의 재앙이라고 보아야 한다.

광우병에 대한 영국 정부의 조치

1986년 광우병이 처음으로 보고된 이후 1988년 말까지 광우병의 발생건수는 2180건으로 증가했다. 광우병 발생이 처음 보고된 이후 정부 당국자들과 농업수산식품부의 수석 수의학 당국자는 이 새로운 질병의 발생이 국내와 국외 소비자들에게 미칠 파장을 크게 우려했다. 그리고 만일 광우병 발생 사실이 알려지면 그 결과는 재난에 가깝다는 사실을 알고 있었다.

이에 따라 광우병 발생이 처음 보고된 후 세부적인 정보는 중앙수의학연구소의 일부 연구자들과 농업수산식품부의 동물보건 담당 그룹에게만 제공되었을 뿐이었고, 심지어 당시 감염성 해면상뇌증의 연구에서 가장 권위 있는 연구소였던 신경병리발생연구소의 연구 팀에게도 이 사실을 감추고 있었다.

게다가 1987년과 1988년 상반기까지 영국 정부와 당국자들은 광우병 발생과 관련해 아무런 대응조치를 취하지 못하고 있었다. 사실 내부적으로 농업수산식품부는 광우병이 잠재적으로 가져올 수 있는 충격에 대해 심각하게 생각하지 않은 것으로 알려진다. 하지만 광우병 확산이 막을 수 없이 급증하면서 정부는 문제의 심각성을 인식하게 된다. 이미 윌스미스의 연구 팀은 광우병의 발생 원인으로 동물성 사료, 즉 육골분을 생산하는 과정에서 스크래피에 감염된 단백질이 유입되면서 일어났다는 가설을 제기하고 있었다.

영국 정부는 1988년 4월에 광우병 문제를 다루기 위한 전문가

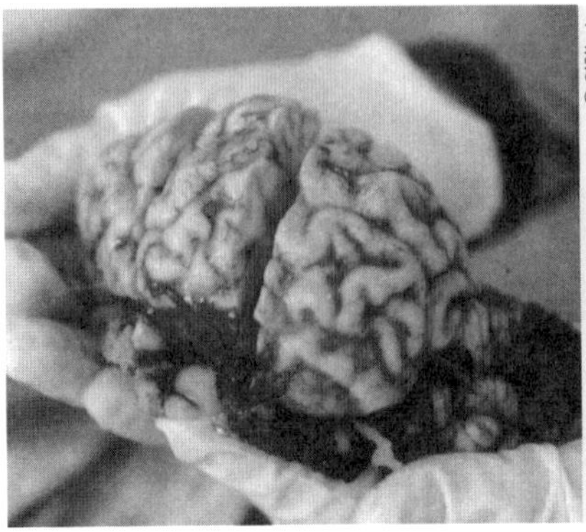

© 연합뉴스

광우병 조사를 위해 해부한 소의 뇌 (1996.4.3)

자문위원회를 설립하고 옥스퍼드 대학의 동물학자인 리처드 사우스우드Richard Southwood 교수를 위원장으로 지명한다. 하지만 놀라운 점은 이 위원회의 회원들 가운데 단 한 사람도 스크래피나 크로이츠펠트야코프병 또는 쿠루와 같은 감염성 해면상뇌증 전문가가 없었다는 점이다. 이 사우스우드위원회Southwood Working Party는 일련의 회의를 통해 정부에 동물성 사료의 사용금지를 권고한다. 하지만 사우스우드위원회의 권고안이 발표된 뒤 한 달이 지나서 정부는 동물성 사료 사용금지를 발표한다. 그 한 달 동안 일부에서는 수천 마리의 소가 광우병에 감염되었을 것으로 추산하고 있다.[150]

또 사우스우드위원회는 광우병에 걸린 것으로 의심되거나 확인된 소는 모두 살처분하여 그 고기를 완전히 폐기 처리해야 한다고 권고했다. 처음 영국 정부는 진단을 통해 광우병으로 확인된 소를 살처분하면 시장가격의 50퍼센트를 보상금으로 지불하고 광우병으로

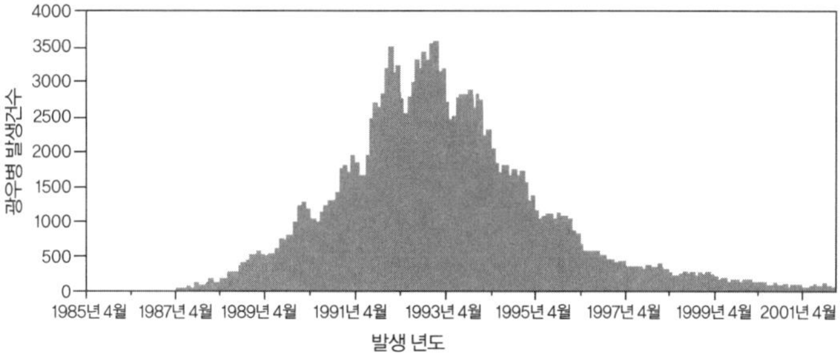

광우병 발생 추이
광우병 확산은 1988년 동물성 사료 사용금지 정책이 시작된 후인 1993년에 최고점에 도달한 후 감소 추세로 전환된다.

의심되지만 검사 후에 광우병이 아닌 것으로 드러난 소는 시장가격의 100퍼센트를 지불하는 정책을 폈다. 하지만 시간이 지나면서 목축업자들이 광우병으로 의심되는 소를 보고하는 대신에 발생 사실을 숨기는 문제가 발생하면서 1990년 2월부터 정부는 광우병 감염소에 대해서도 100퍼센트 보상금을 지급하는 정책으로 전환한다.

광우병 발생의 확산 정도는 통제 불가능 상태에 이르렀다. 1989년에 광우병에 걸린 소의 수는 2만 91마리로 증가했으며 1990년에는 2만 4396마리에 이르렀다. 그리고 1988년 6월 유럽연합은 영국에서 태어난 소의 수입을 완전히 금지하는 정책을 발표했으며 미국을 포함한 다른 국제사회들도 영국산 쇠고기의 수입 금지를 발표했다.

1989년 9월 사우스우드위원회는 최종 보고서를 발표하면서 광우병의 원인으로 윌스미스 연구 팀이 제기한 것과 같이 동물성 사료, 즉 육골분의 오염을 지목한다. 하지만 더욱 중요한 것은 과연 갑작스럽게 급속도로 확산되던 광우병이 인간에게 전염될 수 있는가에 대한 문제였다. 광우병의 발생초기부터 대부분 전문가들은 광우병이 인간에게 전염될 가능성은 적을 것이라고 믿었다. 이러한 믿음은 사우스우드위원회에도 이어져 아무런 과학적 근거가 없음에도 "광우병이 인간의 보건문제에 영향을 줄 가능성은 적다. 광우병이 인간에게 전염될 위험은 거의 없다"라는 결론을 내리게 된다.[151]

서서히 다가오는 비극의 그림자

광우병의 발생초기부터 정부 당국자들과 관련 연구자들은 광우병이 인간에 미치는 영향은 거의 없을 것으로 생각했다. 이러한 낙관적인 생각은 광우병과 가장 가까운 질병으로 생각되는 스크래피가 이미 영국에서 250년 동안이나 존재해왔지만 인간에게 전이되지 않는다는 과학적인 연구 결과 때문이었다.[152] 그렇지만 일부 당국자들은 광우병이 인간에게 전이될 수 있는 위험을 우려했다. 과학자들은 물론 스크래피는 인간에게 전이되지 않는다고 믿었지만 이와 유사한 퇴행성 신경질환이 인간에게 존재하고 있었다. 그것은 바로 쿠루와 크로이츠펠트야코프병이었다.

이미 주지한 것처럼 쿠루는 인간 사이에 전이되는 질환이다. 하지만 쿠루는 특이한 배경과 식인 습관이라는 문화적 배경에서 발생한 질병이기 때문에 서구사회로 확산될 가능성은 적었다. 하지만 크로이츠펠트야코프병은 상황이 조금 달랐다. 광우병 발생으로 많은 연구자들이 광우병과 스크래피 사이의 연관성을 강조하면서 광우병이 인간에게 전염될 가능성이 적다고 강조했지만 아직도 크로이츠펠트야코프병이라는 불편한 질병이 항상 구석에 웅크리고 앉아 자신의 모습을 드러낼 기회를 기다리고 있었다. 사우스우드위원회 보고서가 발표된 후 당시 집권 보수당의 대처 수상은 한편으로는 안도의 한숨을 내쉬었지만 다른 한편으로는 확실하게 인간에게 감염될 수 있는 가능성을 완전히 배제하지 못해 못내 불만족스러워했다.[153]

광우병이 인간에게 감염될 수 있는 가능성을 완전히 배제할 수 없는 상황이었으며 당시 에든버러의 신경병리발생연구소의 소장이었던 앨런 디킨슨은 이 가능성에 대해 누구보다 더 잘 알고 있었다. 특히 1970년대에 그는 당시 의료분야 연구를 관장하던 기관인 의학연구위원회Medical Research Council에 인간성장호르몬Human Growth Hormone에 대한 엄격한 조사를 요구했다. 당시 스크래피와 크로이츠펠트야코프병을 연구하던 디킨슨은 이 병원체가 일반적인 화학 처리에도 불구하고 살아남을 수 있다는 사실을 잘 알고 있었다. 게다가 그는 당시 성장에 문제가 있는 어린아이들에게 정상적으로 성장할 수 있도록 인간성장호르몬을 사용하는데 이 성장호르몬을 죽은 사람의 뇌에 존재하는 뇌하수체pituitary gland를 모아 만든다는 사실을 알고 있었다. 이 인간성장호르몬은 1969년부터 1976년까지 영국에서 6만 5000개의 뇌하수체를 이용해 사용되고 있었다. 디킨슨은 죽은 사람의 뇌에서 수집되는 뇌하수체가 어느 경우에는 크로이츠펠트야코프병에 감염된 환자의 것일 수 있으며 이것이 인간성장호르몬제를 만드는 데 사용된다면 결국 성장을 위해 자신의 생명을 희생시켜야 하는 상황에 이를 것이라고 생각했다. 그는 의학연구위원회에 이 문제를 제기하면서 퇴행성 질환(즉 치매)과 같은 질병을 앓아 죽은 사람들의 뇌하수체를 수집하는 행위를 금지할 것을 요구했다.[154]

하지만 그의 이러한 주장은 1980년까지 정책으로 실현되지 못했으며 결국 1984년에 첫 번째 희생자를 만들어낸다. 유아 시기에 뇌하수체 종양으로 성장이 멈춘 이 환자는 1972년부터 1976년 사이에 인간성장호르몬을 지속적으로 주입받았으며 정상적인 삶을 살고 있었다. 하지만 1984년에 그 여성 환자는 크로이츠펠트야코프병으로 쓰러졌으며 1985년에 22세의 나이로 사망했다. 그리고 그 해 미국에서 두 명의 환자가 인간성장호르몬으로 인해 사망하면서 인간성장호르몬의 사용이 중단된다.[155] 그 당시까지 영국에서는 거의 2000명의 어린이들이 94만 구의 시체에서 뇌하수체를 추출해서 만든 인간성장호르몬으로 치료를 받았다. 그리고 38명이 크로이츠펠트야코프병에 감염된 것으로 알려지고 있으며 22명이 사망했다. 세계적으로 139명이 인간성장호르몬 치료 과정에서 크로이츠펠트야코프병에 걸려 사망했다.[156] 이것은 서서히 다가오는 비극의 시작이었다. 인간성장호르몬을 통해 크로이츠펠트야코프병이 감염될 수 있다는 충격적인 사실은 이 병에 오염된 음식을 섭취해도 감염될 수도 있다는 새로운 가능성을 제기했다.

광우병이 발생하면서 영국의 의학지인 〈영국의학저널Biritish Medical Journal〉은 이미 사설에서 광우병이 인간에 전이될 가능성에 대해 논의하였다.[157] 그런데도 당시 많은 연구자들은 근거 없는 낙관론을 갖고 있었다. 특히 일부 학자들은 '종간 장벽' 때문에 이 병원체는 소와 인간 사이의 장벽을 뛰어넘을 수 없다고 믿었다.

하지만 이러한 낙관적인 희망은 과학적인 실험을 통해 하나씩 무너지고 있었다. 이미 종간 장벽에 대한 세부적인 연구는 에든버러의 연구자들에 의해 수행되었다. 또 음식 섭취를 통한 감염 관련 연구 결과가 발표되면서 광우병의 감염 가능성에 대한 우려가 증가했다. 특히 스크래피에 걸린 고기를 먹은 밍크가 스크래피와 유사한 뇌질환에 걸리는 사례가 보고되었으며, 1976년 노벨의학상 수상자인 가이듀섹의 그룹은 쿠루와 스크래피에 오염된 음식을 원숭이에게 먹여 이 질병에 걸렸다는 사실을 보고하기도 했다.[158] 그리고 1989년 12월 영국의 브리스톨에 살고 있던 '맥스'라고 불리던 집고양이에게 문제가 발생했다. 그리고 이 고양이를 살처분한 후 부검한 결과 뇌에 스펀지와 같은 변화가 있었다. 이 고양이 맥스의 죽음은 음식 섭취를 통한 감염의 한 예가 되었다.[159]

이제 상황은 점차 위기를 향해 치달았다. 언제 폭발할지 모르는 인간광우병의 공포가 조용히 영국 사회를 뒤덮었다. 고양이 맥스의 죽음 이후 각 지방의 초등학교는 급식 메뉴에서 쇠고기를 제외하기

존 거머 장관의 햄버거 시식 모습
(1990년 5월)

시작했다. 그리고 1990년 5월 당시 농업수산식품부 장관이었던 존 거머는 영국 역사상 가장 최악의 언론플레이를 하게 된다. 고양이 맥스의 죽음으로 인해 임박해오고 있는 인간광우병의 공포를 무시하고 거머 장관은 자신의 네 살된 딸인 코델리아Cordelia를 데리고 나와 많은 기자들 앞에서 햄버거를 먹는 모습을 연출했던 것이다.

그러나 존 거머 장관의 햄버거 시식 모습은 벼랑끝에 매달린 보수당의 애처로운 모습을 보여주는 것이었다. 사람들은 아무도 쇠고기가 들어 있는 햄버거가 안전하다고 믿지 않았다. 대신 시한폭탄처럼 인간광우병의 발병 소식을 기다리고 있을 뿐이었다. 이것은 비극의 시작이었으며 이 비극의 씨앗을 뿌린 보수당 정권의 종말의 시작이었다.

11장

공포의 현실화

인간광우병

정부의 해면상뇌증자문위원회에 참가하고 있던 과학자들과 의사들은 회의에서 아이언사이드가 변종 크로이츠펠트야코프병으로 죽은 환자의 뇌 부검 사진이 담긴 슬라이드를 켜자마자 모두 숨을 멈추고 충격에 빠졌다. 이 자문위원회의 의장이었던 존 패티슨 박사는 당시 상황을 생생하게 기억했다. 그는 "아이언사이드 박사가 발표를 하기 전에 우리는 그것이 무엇인지 잘 알고 있었다. 그 슬라이드에 나타난 사진은 기존의 사진들과 완전히 다른 것이었다."고 말했다. 이것은 당시 회의장에 모인 모든 과학자들을 공포에 몰아넣기에 충분했다.

배회하는 유령

1989년 사우스우드위원회의 권고안 중에 하나는 광우병과 같은 질병이 인간에게 전이될 수 있는지 여부를 지속적으로 관찰하고 감시할 수 있는 전문가 조직을 설립하는 것이었다. 이로 인해 설립된 것이 바로 국립 크로이츠펠트야코프병감시센터National Creutzfeldt-Jacok Disease Surveillance Unit이다. 이 조직은 에든버러의 신경학자인 로버트 윌Robert Will과 신경병리학자인 제임스 아이언사이드James Ironsides를 주축으로 40여 명의 연구원과 관계자들로 이루어져 있으며, 영국 보건부는 2010년까지 120만 파운드의 예산을 지원하기로 했다.

당시 광우병의 갑작스런 확산과 식품과 관련된 문제가 속출하면서 이 감시센터에는 설립되자마자 사람들의 의학적인 문의가 쇄도했다. 하지만 당시까지도 로버트 윌을 비롯한 전문가들은 광우병이 인간에게 전의될 가능성은 극히 적을 것이라고 생각했다.

그는 "과학자들이 일반적으로 합의했던 것은 광우병이 인간에게 전이될 위험은 별로 없다는 것이었다. 그 근거는 스크래피의 경험 때문이었다. 한 가지 중요한 점은 동물에게서 발생한 어떤 프리온 질환도 인간에게 전이된 사례가 없었다는 점이다"라고 그는 당시 상황을 회고했다.[160]

이미 광우병 발생 직후 영국 정부와 다른 국가들이 수행한 동물성 사료의 사용금지와 반추동물의 고기가 사료생산 과정에 유입되지 못하도록 한 금지조치는 서서히 그 효력을 보이기 시작했다.

1993년을 기점으로 광우병의 발생건수는 3만 6682건에서 점차 하락하는 추세로 돌아섰으며(1995년에 발생건수는 1만 4302건으로 줄어든다) 이를 통해서 동물성 사료금지 조치의 효과를 실감할 수 있었다. 그런데도 사람들 사이에 배회하기 시작한 광우병이라는 유령이 실제로 나타날 수 있다는 공포감이 줄어들기는커녕 더욱 확산되고 있었다.

1993년 영국의 북웨일즈 지역에서 살고 있던 15세의 소녀 비키 리머Vicky Rimmer는 갑작스럽게 우울증과 기억력 감퇴에 시달렸으며 보행에 문제를 보이기 시작했다. 그해 9월에 그녀의 상황은 점점 악화되어 눈이 멀게 되었으며 결국 무의식 상태에 빠졌다. 당시 의사들은 리머의 질병이 어떤 것인지 진단을 내리지 못하고 있었다. 또 국립 크로이츠펠트야코프병 감시센터의 학자들도 그녀의 병이 크로이츠펠트야코프병인지 여부에 대해 확진하지 못하고 있었다.

그 와중에 1993년과 1995년 사이에 세 명의 농부들이 크로이츠펠트야코프병으로 사망하는 사건이 발생했다. 이들은 모두 자신의 농장에서 키우던 소가 광우병에 걸렸다. 이로 인해 일부에서는 광우병이 그들에게 전이되었을 수 있다는 주장을 조심스럽게 제기하기 시작했다. 하지만 로버트 윌은 이들의 뇌를 부검하여 조사한 결과 병리학적인 증세가 새로운 질환이 아니라 고전적인 크로이츠펠트야코프병이라고 확인하면서 광우병으로 인한 질병이 아니라고 주장했다.[161]

하지만 비키 리머는 상황이 전혀 달랐다. 그녀가 1994년 4월에 결국 사망하면서 비로소 그녀의 질병이 크로이츠펠트야코프병인지 아니면 광우병과 연관된 새로운 질병인지 조사할 수 있게 되었다. 이미 언급한 것처럼 광우병을 진단하는 방법은 매우 제한적이다. 특히 환자가 사망한 후 뇌를 부검하는 방법만이 현재 광우병을 확인할 수 있는 유일한 방법이다. 이러한 상황에서 비키 리머에 대한 검사는 그녀가 사망한 1994년에야 비로소 이루어질 수 있었다. 그녀는 수술을 받은 적도 인간성장호르몬 치료를 받은 적도 없었기 때문에 치료 과정에서 발생할 수 있는 감염 가능성은 배제할 수 있었다. 그리고 그녀의 핵산에 대한 조사를 통해서 프리온 유전자의 돌연변이도 발견할 수 없었다. 이것은 유전병으로서 크로이츠펠트야코프병의 가능성을 배제한다는 것을 의미한다.

그러나 크로이츠펠트야코프병감시센터는 확실한 질병의 원인을 알아낼 수 없었으며 비키 리머의 경우는 새로운 형태의 질병인지 아닌지에 대해 해답을 내놓을 수 없었다. 그 결과 로버트 윌과 크로이츠펠트야코프병감시센터의 연구자들은 그녀의 병명을 산발성 크로이츠펠트야코프병이라고 결론짓고 말았다.[162]

이러한 불확실성 속에서 영국에서는 점차 연구자들을 혼란스럽게 하는 크로이츠펠트야코프병이 발생하기 시작한다. 1995년 10월경 16세의 여성과 18세의 남성이 크로이츠펠트야코프병에 걸려 사망했는데 이번 경우도 특정한 치료 경력이 없었으며 유전적인 요인도 없는 것으로 밝혀졌다. 그런데도 이들은 너무 젊은 나이에 크로이츠펠트야코프병에 걸렸다는 사실이 연구자들의 관심을 끌었다. 일반적으로 고전적인 크로이츠펠트야코프병은 보통 40세 이상의 사람들에게 나타난다. 하지만 1994년과 1995년에 발생한 영국의 크로이츠펠트야코프병은 대부분 20세 미만의 젊은이들에게서 발생했다는 특이성을 지니고 있었다.

이것은 연구자들의 경종을 울리기에 충분했으며 10년 전부터 발생하기 시작한 광우병과의 연관성을 정확하게 밝힐 수는 없지만 일부 과학자들의 우려를 증폭시키기엔 충분했다. 1995년에 발생한 환자들은 산발성 크로이츠펠트야코프병Sporadic CJD이라는 병명으로 분류된다.[163]

공포의 현실화 : 인간광우병

에든버러의 크로이츠펠트야코프병감시센터의 학자들과 영국의 신경학자들은 마침내 악몽과 실제로 마주하는 상황을 겪게 된다. 1995년 초부터 이상한 증세를 보이기 시작한 스티븐 처칠Stephen Churchill은 전 영국을 완전히 공황상태로 빠지게 했다. 그의 증세는 다른 젊은 크로이츠펠트야코프병 환자들과 같은 모습을 보였으며, 영국의 공영방송인 BBC는 스티븐 처칠의 상황을 자세히 보도함으로써 드디어 광우병이 인간에게 전이되었다는 사실을 알렸다. 더구나 1996년에 들어서면서 더럼Durham 대학에 다니던 19세의 피터 홀Peter Hall이 크로이츠펠트야코프병의 증세를 보이며 쓰러져 13개월

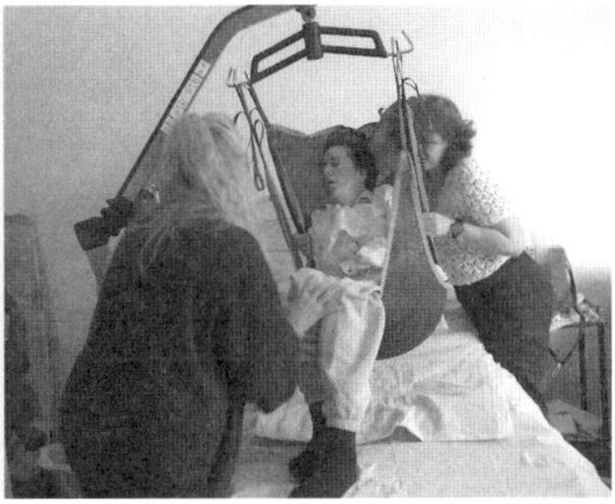

인간광우병에 걸려 사망한 영국인 도나 멜로십. 1997년 사망할 당시 그녀의 나이는 33세였다.

© 알파포토스

뒤에 사망했으며 캔터베리에 살던 29세의 여성 안나 피어슨Anna Pearson도 똑같은 증상을 보이면서 1996년에 사망했다. 그리고 아기를 임신하고 있던 29세의 미셸 보엔Michelle Bowen도 기억력 감퇴와 우울증 그리고 몸의 균형을 잃는 증세를 보이며 쓰러졌다. 그녀는 1995년 아기를 제왕절개를 통해 낳은 후 몇 개월 후에 사망했다.

이러한 일련의 도미노 현상은 크로이츠펠트야코프병감시센터의 연구자들을 긴장하게 만들었다. 1970년에서 1989년까지 영국에서 크로이츠펠트야코프병에 걸려 사망한 사람 중에서 30세 미만의 사람들은 아무도 없었다. 그러나 1990년에서 1994년 사이에 다섯 건의 크로이츠펠트야코프병 환자들은 모두 30세 미만의 젊은 사람들이었다. 그때까지 영국 정부는 광우병이 인간에게 전이될 수 있다는 사실을 강력하게 부인했다. 하지만 이제는 부인할 수 있는 상황이 아니었다.

게다가 크로이츠펠트야코프병감시센터의 로버트 윌은 의학지인 〈랜싯〉 지에 발표한 논문에서 최근에 발생한 일련의 크로이츠펠트야코프병은 기존의 고전적인 형태와는 전혀 다른 새로운 종류의 크로이츠펠트야코프병이라는 사실을 발표한다. 로버트 윌은 논문에서 "최근에 발생한 열 건의 새로운 크로이츠펠트야코프병 환자들은 신경병리학적으로 기존의 크로이츠펠트야코프병과는 다른 모습을 보인다. 이들은 모두 젊은 나이에 증세를 보였으며 다른 유럽국가에서 발생한 크로이츠펠트야코프병과는 전혀 다르다. 이 질병은 영국에서만 발생한 새로운 형태의 크로이츠펠트야코프병이며 광우병과 밀접한 관련이 있다. 하지만 지금까지 과학적 증거를 통해서 변종 크로이츠펠트야코프병new variant CJD과 광우병 사이의 연관성을 입증할 수는 없다"고 주장했다.[164]

이 논문의 발표와 함께 영국 정부도 최근에 발생한 크로이츠펠트야코프병은 기존의 질환과는 전혀 다른 형태라는 사실을 인정한다. 그리고 광우병이 인간에게 전이될 수 있다는 주장은 이제 더 이상 가설의 수준을 넘어 현실이 되고 있었다.

이 특이한 형태의 크로이츠펠트야코프병의 증세는 일단 우울증을 시작으로 나타난다. 그리고 평균연령은 20세를 전후로 하여 고전적인 형태인 고령 질환이 젊은이에게 나타나는 특징을 보였다. 그리고 특정한 뇌파 형태가 나타나지 않았다. 또 뇌의 병리적인 변화에 있어서 가장 특이한 점은 다른 프리온 질환들처럼 스펀지 형태로 신경세포가 파괴되는 현상이다. 보통 파푸아뉴기니에서 발생한 쿠루Kuru 환자의 뇌에서 나타나는 공포空胞의 모습은 마치 꽃과 같은

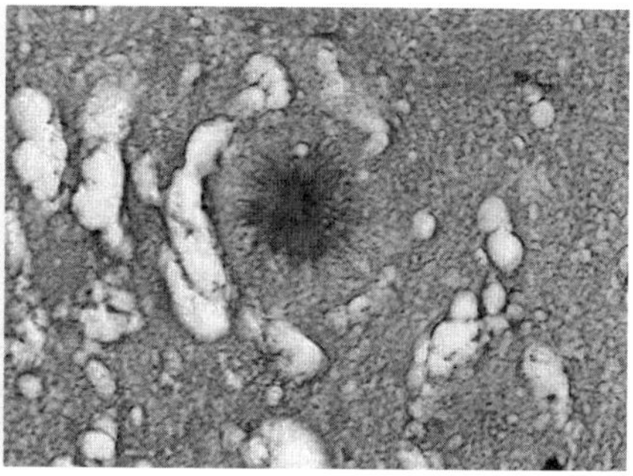

프리온 개화성반 florid plaque**의 모습**

형태를 띠고 있어 개화성반florid plaque, 데이지꽃 모양의 플라크이라고 불린다. 하지만 고전적인 크로이츠펠트야코프병에 걸린 환자에게서는 이와 같은 개화성반이 나타나지 않았다. 그러나 이 변종 크로이츠펠트야코프병은 스크래피와 마찬가지로 이 개화성반의 모습이 나타났다.

로버트 윌은 그의 발견을 〈랜싯〉 지에 발표하면서 당시 그가 참가하고 있던 정부의 해면상뇌증자문위원회SEAC에 이 사실을 보고한다. 이 위원회에 참가하고 있던 과학자들과 의사들은 회의에서 아이언사이드가 변종 크로이츠펠트야코프병으로 죽은 환자의 뇌 부검 사진이 담긴 슬라이드를 켜자마자 모두 숨을 멈추고 충격에 빠졌다. 이 자문위원회의 의장이었던 존 패티슨 박사는 당시 상황을 생생하게 기억했다. 그는 "아이언사이드 박사가 발표를 하기 전에 우리는 그것이 무엇인지 잘 알고 있었다. 그 슬라이드에 나타난 사진은 기존의 사진들과 완전히 다른 것이었다"고 말했다.[165] 이것은 당시 회의장에 모인 모든 과학자들을 공포에 몰아넣기에 충분했다.

그렇다면 정말 새롭게 발견된 변종 크로이츠펠트야코프병의 원인은 광우병에서 비롯되었는가? 당시 두 질병 사이의 연관성을 가장 잘 보여주는 연구 결과는 에든버러의 연구자들이 시도한 실험실 연구에서 찾아볼 수 있다. 에든버러의 연구자들은 변종 크로이츠펠트야코프병의 병원체를 실험쥐에 전이하는 데 성공하면서 두 질병 사이의 상관관계를 보여주는 데 물꼬를 틀 수 있었다. 실험쥐에 전이된 변종 크로이츠펠트야코프병의 병원체는 광우병과 유사한 패턴을 보여주었다. 산발성 크로이츠펠트야코프병이나 의원성 크로이츠펠트야코프병iatrogenic CJD(치료 과정에서 감염된 크로이츠펠트야코프병으로 인간성장호르몬 치료에서 감염된 경우가 대표적이다)의 병원체는 종간 장벽으로 실험쥐에게 전이하기는 매우 어렵다. 하지만 변종 크로이츠펠트야코프병의 병원체는 광우병의 병원체처럼 상대적으로 쉽게 실험쥐에게 전이되는 모습을 보여주었다. 에든버러 연구자들은 기존의 감염된 실험쥐의 병리학적 패턴과 잠복기간을 통한 연구에서처럼 광우병이 보여주는 특이한 특성을 변종 크로이츠펠트야코프병 병원체의 패턴과 비교해보면서 그 공통점을 찾았다.[166]

그리고 프랑스의 신경생물학자인 코린 라스메자스Corrine Lasmezas의 연구 팀은 광우병의 병원체를 짧은꼬리원숭이에 주입하여 그 신경병리학적이고 임상적인 변화를 관찰한 결과 변종 크로이츠펠트야코프병이 보여주는 병리학적이고 임상적인 변화와 매우 유사하다는 사실을 발견하였다.[167] 지금까지 많은 사람들은 광우병과 변종 크로이츠펠트야코프병 사이의 연관성에 대해 아무런 반론을 제기할 수 없었다. 공포는 현실이 되었고 젊은이들은 하나둘씩 쓰러져가기 시작했다. 이것은 바로 '광우병 위기'의 시작이었다.

광우병 공황과 영국 정부의 대응

영국 시민과 영국의 쇠고기를 수입했던 국가들의 국민들은 더 이상 정부의 낙관적인 주장을 믿지 않았다. 그리고 쇠고기와 연관된 제품들의 가격은 폭락했다. 마거릿 대처에 이어서 보수당 정부를 이끌던 존 메이저John Major 총리의 지지율은 더 이상 회복할 수 없는 지경이 되었다. 당시 보건부 장관인 스티븐 도렐Stephen Dorrell이 의회에서 새로운 형태의 크로이츠펠트야코프병의 발생을 확인하는 성명을 발표하자 전 세계는 이 사실을 마치 세계대전의 발발과 같은 사건으로 대서특필했다. 초등학교 아이들의 식탁에서 쇠고기 음식을 제거하기로 결정한 학교의 수가 급증하기 시작했으며, 쇠고기 소비량이 급감하면서 슈퍼마켓은 쇠고기 가격을 50퍼센트 낮췄다.

프랑스는 1996년 3월 22일에 모든 영국산 쇠고기뿐 아니라 쇠고기가 들어간 일체의 가공식품 및 다른 음식의 수입금지 조치를 발표했으며, 3월 27일 유럽연합도 동일한 수입금지 조치를 발표했다. 유럽연합의 이와 같은 결정을 막기 위해 존 메이저 보수당 정부는 대응보복 조치를 취하기로 결정하지만 이 모든 노력은 물거품이

되었다. 그리고 당시 영국 목축업에서 3750만 달러의 수입을 올리던 맥도널드 햄버거 체인에 대해서도 쇠고기 공급을 완전히 중단하면서, 맥도널드 사는 영국산 쇠고기 대신에 네덜란드산 쇠고기로 공급처를 바꿨다.

영국은 국제사회에서 고립되었으며 영국 경제의 버팀목 중 하나였던 목축업은 완전히 붕괴했다. 더욱 중요한 것은 영국 정부에 대한 국민의 신뢰가 완전히 떨어졌다는 점이다. 1979년 대처가 이끄는 보수당은 새로운 영국의 경제 부흥을 외치며 시장 자유주의에 근거한 강력한 정책을 수행했고 18년에 걸쳐 장기집권을 하고 있었다. 하지만 광우병의 발생과 변종 크로이츠펠트야코프병의 확산은 보수당의 시장 자유주의적 접근이 국민의 삶의 질을 증진시키기보다는 기본적인 먹거리조차 안심할 수 없는 상황으로 이끌어갔다는 원성과 불신을 극도에 달하게 했다. 결국 1997년 5월에 있었던 총선거에서 토니 블레어가 이끄는 신노동당은 압승을 거두면서 보수당의 아성을 완전히 무너뜨린다.

지금까지 이른바 인간광우병이라고 불리는 변종 크로이츠펠트야코프병으로 사망한 사람의 수는 영국에서 166명에 이른다. 물론 인간광우병의 발생숫자는 해가 지날수록 감소하는 경향을 보이고 있다. 그런데도 인간광우병의 발생 예상 건수는 그렇게 낙관적이지 않다. 2001년 역학 조사를 수행한 로이 앤더슨Roy Anderson 교수의 예상에 따르면, 1995년부터 100여 명에서 13만6000명까지 감염자가 늘어날 수 있다고 예상했다. 이 광우병 파동은 영국사회에 깊은 상처를 남겼다. 이미 166명의 젊은이들이 희생되었으며 지난 2007년 12월에는 새로운 유전형을 가진 환자가 인간광우병에 감염됨으로써 제2차 광우병 파동이 시작될 것이라는 우려가 커지고 있다. 인간광우병의 희생자가 한 명씩 늘어날 때마다 영국 사회는 광우병의 악몽에 짓눌린다.

그렇다면 영국 정부는 이 문제를 해결하기 위해 어떤 조치를 취했는가? 가장 대표적인 조치는 이미 살펴본 것처럼 육골분의 사료사용 금지조치였다. 그리고 인간광우병이 확산되던 1996년에는 즉각적으로 학교급식에서 쇠고기를 완전히 메뉴에서 제거하는 결단을 내렸다. 그러나 이러한 조치들이 완벽한 것은 아니었다. 1995년 당시 정부와 광우병 문제를 집중적으로 다루고 있던 해면상뇌증자문위원회의 관계자들도 갑작스런 크로이츠펠트야코프병의 확산에 당황하기 시작했다. 이들은 1995년에 있었던 회의에서 반추동물의 특정 물질이 동물사료로 사용되는 것을 금지하는 조치와 함께 이 특정 물질이 사람들의 먹거리에 유입되지 않도록 하는 조치에 대해 재평가를 진행했다. 그리고 이 자문위원회는 특정 물질에 소의 뇌와 척추를 포함하지 않았다는 사실을 알게 됐다. 당시 대부분 소의 뇌와 척추가 가공식품인 소시지나 파이 그리고 햄버거를 만드는 데 사용된다는 사실을 발견하였다. 즉 이것은 특정 위험 물질이 가공식품 생산과정을 통해서 아직도 먹거리에 유입되고 있다는 것을 의미했다. 자문위원회는 뇌와 척추와 같은 특정 위험 물질SRM이 먹거리에 유입되는 것을 완전히 막기 위해 특정 위험 물질의 범위를 확대하는

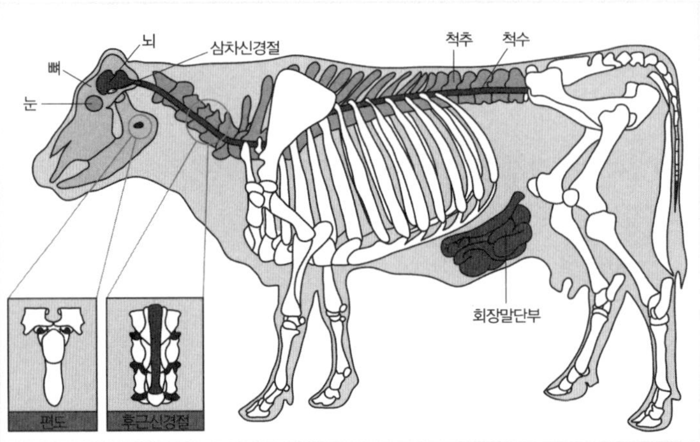

광우병 특정 위험 물질

조치를 취했다. 특히 1997년에 소의 척추신경에 위치한 후근신경절 dorsal root ganglia과 소의 두개골에 위치한 삼차신경절trigeminal ganglia, 그리고 망막과 골수에서 감염성이 발견되면서 영국 정부는 뼈와 후근신경절, 폐를 특정 위험 물질에 포함해 소의 뇌 전체와 눈, 삼차신경절, 편도선, 흉선과 비장, 척추와 십이지장에서 직장에 이르는 내장을 모두 위험 물질로 분류하는 법안을 통과시켰다.[168]

또 국제적인 공신력을 회복하고 영국 내에서 발생하는 광우병을 완전히 제거하기 위해 1996년 8월 1일 이전에 태어난 모든 소를 완전 폐기하는 정책을 수행하여 541만 마리의 소를 도살 처분했다. 이와 더불어 2001년 12월부터 30개월 이상된 소를 도축하는 경우에는 모두 의무적으로 전수조사를 통해, 도살되는 소의 뇌에서 광우병의 증상이 나타나는지 여부를 조사하는 30개월령 전수조사제도 Over Thirty Month, OTM를 시행하게 된다.

이렇게 영국은 강력한 통제 정책을 통해 더 이상 광우병으로 의심되는 소가 사람들의 먹거리에 유입되는 가능성을 원천적으로 막을 수 있도록 했다. 이러한 전수조사와 소 폐기정책과 더불어, 영국 쇠고기에 대한 유럽연합의 수입금지를 완화하기 위해 영국 정부는 영국에서 키우는 모든 소에 대해 의무증명제도Compulsory Cattle Passport를 1996년 7월 1일부터 시행했다. 1998년 9월 28일까지 태어난 소에 대해서는 동물여권을 발급했으며 이 동물이 일생 동안 이동하는 상황과 검역 여부를 증명하는 증명서를 발급하도록 했다. 그리고 1998년 9월 28일부터 태어난 소에 대해서는 컴퓨터 데이터베이스를 통해 영국에서 키우는 모든 소의 상황을 추적할 수 있도록 했다. 전국적인 데이터베이스에 등록되지 않은 소는 도축장에서 도축될 수 없으며 사람들의 먹거리로 사용할 수 없도록 했다.

이와 같은 강력한 도축정책과 전수조사제도와 함께 영국 정부는 1997년 12월부터 쇠고기에 붙어 있는 뼛조각과 소의 뼈를 먹거리에서 완전히 제거하는 강력한 정책을 추진한다. 이것은 위에서 본 것처럼 대부분 광우병의 감염성이 소의 머리와 척추를 비롯한 뼈에서 발견되었기 때문이다. 소뼈와 소뼈에 붙어 있는 살코기, 예를 들어 소의 등심과 안심 사이의 T자 모양의 뼈에 붙은 고기로 요리하는 티본스테이크T-bone Stake의 판매가 중단되었다. 이 정책은 2008년 4월 26일까지 지속되었는데 광우병의 발생이 감소하고 안전성이 보장되었다고 판단되면서부터 다시 정육점이나 슈퍼마켓에서 뼈에 붙어 있는 쇠고기를 판매할 수 있게 되었다.

하지만 여전히 소의 뼈와 양의 뼈를 가공식품 생산에 사용하는 것은 엄격하게 금지되고 있으며 30개월령 전수조사제도에 의거하여 30개월이 넘은 소에서 생산되는 척추뼈는 도축 즉시 완전히 폐기 처분하도록 하고 있다.

이미 위에서 논의한 것처럼 광우병과 인간광우병의 발생은 국민의 정부에 대한 공신력을 떨어뜨리는 결정적인 계기가 되었다. 그 결과 18년간 유지해온 보수당 정권은 1997년 총선거에서 완패했고 토니 블레어가 이끄는 노동당에게 정권을 넘겨주어야 했다.

이미 총선이 시작되기 전에 블레어는 야당 대표로서 당시 영국의 식품관리 정책을 담당하던 농업수산식품부MAFF는 구조적으로 효과적인 식품관리 정책을 수행할 수 없다고 비판하면서 급진적인 재편을 해야 한다고 주장했다.[169] 1997년 5월 총선 직전에 블레어와 야당내각은 새로운 식품관리정책을 담당할 수 있는 전문기관 설립을 추진하기 위해 영국의 저명한 공공보건정책 전문가인 애버딘Aberdeen의 로웨트연구소Rowett Research Institute의 소장인 필립 제임스Philip James 교수에게 새로운 조직개편 계획을 세우도록 부탁했다.[170]

총선 승리 이후 새로운 내각을 조각하면서 블레어 수상이 가장 먼저 단행한 정부개편 정책은 바로 식품표준청Food Standards Agency 설립이었다. 이 기관은 정부부서와는 독립조직으로 정부부처와 같은 정책실행의 권한을 갖도록 하였다. 식품표준청의 주요 전략적인 목표 중 하나는 바로 과학적인 증거에 기반하여 광우병과 연관된 질병을 통제하고 쇠고기와 양고기의 소비 과정에서 일어날 수 있는 잠재적인 위험을 최소화하는 것이었다. 실제로 1997년 이후 시행된 광우병과 연관된 모든 영국의 식품정책은 식품표준청이 관장하고 있으며 이 기관은 광우병을 연구하기 위해 2005년 한 해에만 1530만 파운드를 투자했다. 전체적으로 영국 정부는 광우병과 연관된 질병 연구에 대해 2007년까지 총 1억 8900만 파운드의 연구비를 지원했다.[171]

광우병 파동으로 발생한 사회 전체의 위기를 해결하고 국민들의 정부에 대한 신뢰를 다시 돌려놓기 위해 새롭게 선출된 노동당 정부는 또 다른 정책으로 광우병 대중청문회BSE Inquiry를 추진했다. 1997년 12월 22일 광우병 대중청문회 실시 발표 이후 2년 반 동안 지속된 이 청문회는 정부조직과는 독립적으로 광우병과 연관된 영국의 모든 주요 과학자들과 정책결정자를 포함하여 333명의 증언을 청취하여, 1985년 광우병의 발생부터 인간광우병의 발생까지, 그리고 정부의 대응에 대한 세부적인 사항까지 조사했다. 이 청문회가 열린 2년 반 동안 투입된 총 비용은 거의 3000만 파운드에 달했고 3000건이 넘는 정부문서와 과학적 연구가 제출되었으며 증언청취 외에도 630명이 서면증거를 제출했다.

이 대중청문회를 통해 알려진 것은 보수당 정부가 1986년 광우병이 처음으로 보고됐을 당시 초기대응에 문제가 있었고 특히 오염된 동물성 사료 사용금지 조치가 1988년에 시행되는 등 정책수행

과정에 문제가 컸으며, 또 광우병이 종간 장벽을 넘어 인간에게 감염될 수 있다는 가능성을 고려하지 못했다는 점이었다. 이 대중청문회는 광우병 발생 당시 보수당 정부의 무사안일주의와 정책상의 불투명성 그리고 '규제완화'가 이 질병의 확산을 가능케 했던 가장 큰 문제였음을 보여주었다. 청문회의 보고서가 발표되면서 일부에서는 광우병 파동을 "제2차세계대전 이후 20여 명의 장관들이 관련된 영국 역사상 최악의 정책 실패"라고 비판하면서 새로운 정책 결정구조를 위한 개혁을 요구했다.[172]

무엇보다도 광우병이 영국 정치에 미친 가장 큰 영향은 정부 정책의 투명성 확보를 위한 노력이다. 광우병 파동 이전에 영국에서 이뤄진 정책 결정은 국민들의 의견을 직접적으로 반영하지 않는 일종의 밀실 정책 결정 방식이었다. 소수의 정부 당국자들과 소위 전문가 자문그룹이 폐쇄적인 형태로 정책을 결정하고 실행하는 형태였다. 이러한 정책 결정 방식은 광우병 파동 이후 직접적인 비판의 대상이 되었다.

폐쇄적이고 불투명한 정책 결정 방식을 개혁하기 위해 새로 선출된 노동당 정부는 거의 모든 주요 정책 결정에 국민들의 직접 참여를 유도하여 의견을 수렴하는 과정을 공식적으로 포함시켰다. 가장 대표적인 방식이 대중자문Public Consultation 과정으로 모든 주요 정책 결정에서 정부는 의무적으로 국민들의 의견을 청취하고 수렴해야 한다.

광우병 파동 이후 유전자 조작 식품의 허가문제, 줄기세포 연구의 합법화, 그리고 새로운 원자력 발전소 건설 등 주요 정책 결정에 대중자문 과정은 중요한 역할을 하고 있으며 지금도 끊임없이 대중자문 과정을 전국 단위로 수행하고 있다. 그 결과 유전자조작 곡물의 재배와 판매가 한시적으로 금지되었으며 현재 차세대 원자력 발전소 건설을 위한 정책을 결정하기 위해 몇 차례에 걸쳐 반복적으로 국민의 의견을 청취하는 대중자문 과정을 거치고 있다. 또한 영국은 미국과 달리 연구용 줄기세포에 대한 실험 및 연구를 허가했으며, 이 대중자문 과정은 최근에 인간의 유전물질과 동물의 탈핵화된 난자를 결합하여 소위 이종배아를 만드는 연구를 허가하는 과정에서 중요한 대중논쟁의 장이 되었으며 정책 방향을 결정하는 데에도 중요한 역할을 했다.[173]

광우병은 현재 치료법이나 병원체의 근본적인 성격을 완전히 밝히지 못한 미지의 질병이다. 학계는 지난 25년 동안 광우병의 성격과 치료법을 찾기 위해 끊임없는 연구와 논쟁을 반복하고 있으며 과학자들은 아직도 완벽한 해결책을 마련하지 못한 형편이다.

그렇다고 광우병을 단순히 불치병의 하나로 생각하기에는 광우병이 가져올 수 있는 거대한 사회적인 파장과 논란 그리고 사회적 비용은 산술적으로 파악할 수 없다. 지금까지 인간광우병으로 영국에서 희생된 166명의 사람들은 산술적으로 극히 적은 수에 불과할 수 있다. 예를 들어 매년 아프리카 지역에서 약 300만 명의 사람들이 말라리아로 죽어가고 있다. 단순히 산술적으로만 따진다면 광우병은 말라리아보다 덜 중요한 질병일 수 있다. 그러나 사회적인 파장과 공포감의 수위 그리고 이를 해결하기 위해 들어가는 사회적 비용을 계산했을 때 광우병을 단순한 질병으로 치부하기에는 너무나 파급력이 큰 사회적인 질병이다(그렇다고 말라리아가 중요성이나 우선성이 낮거나 사회적인 비용이 적게 들어가는 것을 의미하는 것은 아니다).

인간광우병이 발생한 후 10년 동안 영국이 치른 대가는 너무나 크다. 국제사회에서 고립됐을 뿐 아니라 경제적인 손실 등 영국 국민들의 머릿속에 깊게 각인된 공포감과 심리적인 상처는 단순한 수치로 계산할 수 없다.

12장

우리에게 광우병은 무엇인가?

아마 최근 5년 동안 세계적인 과학 잡지에 실린 광우병 관련 연구논문들 거의 대부분은 이런 구절로 시작한다. “광우병은 아직도 논란이 되고 있다. 광우병은 프리온 질환 또는 전염성 해면상뇌증의 하나이다.” 이를 다시 읽어보면 “광우병은 아직도 과학자들 사이에서 논쟁이 지속되고 있는 질병이다. 그리고 광우병은 프리온 질환으로 취급하는 과학자들도 있으며, 전염성 해면상뇌증이라고 취급하는 과학자들도 있다”로 해석된다. 우리가 여기에서 간과할 수 없는 점은 과학적 객관성에 대한 절대적인 열망은 오히려 그 객관성의 이름으로 오용될 가능성이 있다는 점이다.

한국의 광우병 파동

한국의 2008년 여름은 불볕더위와 함께 많은 사람들에게 광우병 파동으로 기억에 남아 있다. 미국산 쇠고기 수입개방 문제와 함께 불거진 광우병 문제는 더 이상 먼 나라의 이야기가 아닌 우리가 풀어야 할 문제가 되었다. 지난해 5월에는 1만 5000명의 사람들이 촛불을 들고 미국산 쇠고기 수입반대를 외치며 거리로 나섰다. 2008년을 뜨겁게 달군 한국의 광우병 파동은 질병의 발생과는 상관없이 미래에 벌어질 수 있는 잠재적인 '위험'에 대한 대중들의 공포에서 시작되었다.

아마도 이러한 대중들의 인식 확산과 문제제기는 사전 예방 원칙이라는 문제와 관련한 중요한 사항이라고 할 수 있다. 물론 앞에서 자세하게 살펴본 것처럼 인간광우병의 발생가능성은 그다지 높지 않을 수 있다. 하지만 영국의 경험에서 본 것처럼 이 문제가 가져올 수 있는 사회적 비용과 심리적인 공황상태는 쉽게 회복하기 힘든 사안이라는 점에서 우리에게 시사하는 바가 크다.

이미 유럽에서 광우병의 발생률은 현저하게 저하되고 있지만 광우병과 인간광우병이 가져오는 사회 경제적인 파급력은 다른 어떤 질병보다 강력하다. 영국의 예에서도 알 수 있듯이 일단 광우병이 발생하면 그 국가의 농업 분야는 치명적인 타격을 받는다. 영국의 쇠고기와 유제품은 최근까지도 수출금지 대상이며 영국은 유럽연합 내에서 정치적인 고립을 면치 못했다.

영국은 광우병 진단과 억제를 위해 수십 억 파운드의 비용을 지불해야 했으며, 광우병으로 인한 경제적인 손실은 약 655억 달러로 잠정 집계됐다. 독일에서 발생한 광우병으로 독일이 입은 경제적인 피해액은 2001년에 최소 7억 6500만 달러 이상이었다고 영국의 〈파이낸셜 타임스〉는 추산한 바 있다.

미국산 쇠고기 수입을 둘러싼 시민들의 저항과 정부의 밀어붙이기식 정책은 마침내 돌진하는 두 대의 기차가 충돌하는 양상을 보였다. 이제 우리는 차분히 돌아보면서 우리에게 지금 필요한 것이 무엇이고 어떻게 잠재적으로 일어날 수 있는 문제를 해결할 것인가에 대한 논의를 진행해야 할 것이다. 이를 위해서 우리가 간과해서는 안 될 몇 가지 중요한 원칙이 있다.

첫째, 문제를 해결하는 데 있어서 우리가 할 수 있는 최선의 방법은 지난 경험을 참고 삼아 배우는 것이다. 인간이 자신들의 의사결정 과정에서 의존할 수 있는 최선의 방법은 개인과 사회의 경험을 토대로 해야 한다는 점이다.

한국에서 광우병이 공식적으로 발생한 적이 없는 잠재성의 영역에 존재하는 문제라면 우리가 마주한 현실은 알 수 없는 '불확실한' 현실이며 이 불확실성을 줄이기 위해 막연한 확률이나 가능성의 논리로 풀어 나가는 것은 아무런 도움이 될 수 없다. 특히 "광우병에 걸릴 확률이 극히 적기 때문에 국제수역사무국OIE의 최저 수준의 안전기준에 따라 쇠고기를 수입하면 된다"는 식의 논리는 결국 그 기저에는 확률에 따라 "몇 명의 사람들은 광우병에 걸려도 문제가 되

ⓒ 유성호

2008년 여름, 한국에서는 미국산 쇠고기 수입을 반대하는 촛불시위가 연일 벌어졌다.

지 않는다"는 결론에 이를 수 있는 논리적인 위험이 도사리고 있다.

이미 일본의 예에서 볼 수 있듯이 당시 쇠고기 수입 문제를 다룬 광우병 전문가인 가네코 기요토시金子清俊 일본 도쿄 대학 교수의 말은 시사하는 바가 크다. 그는 쇠고기 수입과 잠재적인 광우병 발생 위험에 대처하는 기본적인 원칙은 "단 한 명의 국민이라도 광우병으로 인한 희생자가 나와서는 안 된다"는 점을 강조한 바 있다.[174] 그의 입장은 2008년 한국 정부가 주장한 '확률론에 바탕을 둔 원칙'이 위험한 결과를 가져올 수 있다는 점을 돌이켜보게 한다.

한 국가의 보건정책과 식품정책은 국민들의 생명과 먹거리에 직접적인 영향을 줄 수 있는 가장 민감한 문제 중 하나다. 다시 말해서 정책 결정자들의 사소한 과오가 치명적인 결과를 불러올 수 있다는 점을 의미한다.

이미 영국의 예에서 볼 수 있었듯이, 1986년 광우병이 발생한 이후 정부가 육골분이라는 동물성 사료 문제를 좀더 신속하게 해결하고 이 동물성 질환이 종간 장벽을 뛰어넘어 인간에게도 전이될 수 있다는 가능성을 최소한이라도 심각하게 고려했다면 광우병과 인간광우병에 따른 피해를 줄일 수 있었을 것이며 희생자를 한 명이라도 줄일 수 있었을 것이다. 그 당시 영국 정부의 안이한 접근방식은 이미 광우병 대중청문회를 통해서 극명하게 드러났으며, 광우병을 확산시킨 근본적인 원인 중 하나로 지적되고 있다.

사전 예방 원칙

둘째, 한국에서 광우병은 아직 발생하지 않은, 또는 발생하지 않을 수도 있는 잠재적인 질병이다. 하지만 우리가 살펴본 것처럼 광우병을 다룬 과학자들의 연구는 아직도 불확실성이 지배하고 있다. 광우병이 감염성 단백질인 프리온에 의해 발병한다는 이론이 지배적인 학설로 인정받고 있지만 아직도 학계에서는 이 프리온 이론에 대한 단일한 합의를 이루지 못했다. 이것은 광우병의 불확실성을 강조한다.

과학자들 사이에서도 이렇게 불확실성이 강조되는 상황에서 광우병의 발생과 관련한 예단이나 단언은 오해의 근원이 될 수 있다.

2008년 4월 한미 쇠고기 협상에서, 한국은 30개월 미만의 뼈를 포함한 미국산 쇠고기 수입뿐 아니라, 이후 미국이 사료금지 조치를 강화하면 30개월 이상의 쇠고기 수입도 허용할 것이라고 밝힌 바 있다. 사진은 한미 양측 협상 대표인 민동석 농업통상정책관(왼쪽)과 엘렌 텁스트라 미국 농업부 부차관(오른쪽).

이처럼 불확실성의 수준이 높은 질병에 대한 최선의 대처 방법은 고도의 '사전 예방 원칙'에 기반할 수밖에 없다.

사전 예방 원칙precautionary principle이 본격적으로 적용된 것은 1992년 리우데자네이루에서 열린 환경 및 개발회의에서 15개 조항의 리우선언을 발표하면서부터다. 당시 "환경보호를 위한 사전 예방적 접근은 각 국가의 능력에 따라 다양하게 적용해야 한다. 심각하고 회복할 수 없는 환경 파괴의 위협이 있는 곳에서 과학적인 불확실성이나 과학적 증거의 부재는 환경 파괴를 막기 위한 조치의 연기나 유예의 근거가 될 수 없다"라고 밝히고 있다.

특히 환경에 적용되던 사전 예방 원칙을 인간과 동물 그리고 식물에 대한 위협 문제로 확대 적용하기 시작했다. 유럽연합은 1998년 뚜렷한 과학적인 근거나 증거가 없는 상태에서도 영국의 쇠고기 수출을 완전히 금지하는 조치를 취할 수 있었다.[175]

2008년 한국에서 벌어진 광우병 논쟁에서 흘러넘치는 과도한 정보와 기사들은 거의 대부분 마치 어떤 주장이 더 과학적인가의 문제와 연관된 것처럼 보였다. 미국산 쇠고기의 안전성을 주장하는 수전 슈워브 미국 무역대표부 대표도, 정부의 이상길 농림부 축산정책단장도, 광우병의 위험을 주장하는 건강을 위한 수의사 연대도 모두 과학이라는 이름을 통해 자신들의 주장을 합리화하려고 했다. 모두 자신들의 의견이 과학적인 증거에 근거해 있으며 가장 합리적이라고 주장했던 것이다.

그렇지만 우리가 간과할 수 없는 한 가지 중요한 문제는 모두가 의존하고 있는 과학적 근거 자체에 존재하는 불확실성이다. 이들이 주장하는 과학적 주장의 근거는 아직 대부분 논란의 대상이고 증명되지 않았다.

이러한 불확실성의 문제를 해결하기 위해 필요한 것이 바로 사전 예방 원칙이며 이 원칙을 근거로 되도록 모든 위험한 요인들을 제거하는 것이 중요할 수 있다. 즉 논리적, 과학적으로 증명된 사실이라면, 그리고 이에 대한 확실성이 존재한다면 과학적인 문제와 연관된 요인들만을 제거하는 조치를 취하도록 하면 문제는 간단하게 해결될 수 있다.

하지만 앞에서 보았듯이 광우병 문제는 그렇게 간단하지 않으며 복잡하고 불확실한 문제로 가득하다. 넘치는 정보 속에서, 유령처럼 배회하는 추상적이고 모호한 광우병에 대한 과학적인 사실은 결국 정부 장관의 말에서 "광우병은 복에서 독을 제거하듯이 특정 부위를 제거하면 안전하다"라는 터무니없는 주장으로 연결되기도 했다.

비록 이 분야에서 노벨상 수상자를 두 명이나 배출한 상태지만 아직도 과학자들 간의 이견이 좁혀지지 않는 상황에서 정책 결정자들은 어떻게 대응해야 할 것인가? 그저 국제조직인 국제수역사무국이 제시하는 최소 기준만을 충족시키면 모든 것이 안전하고 해결될 수 있다고 주장하는 것이 과연 올바른 정책 판단의 원칙인가에 대해서는 다시 한 번 생각해봐야 할 것이다. 최소한의 기준을 충족하는 것이 곧 안전한 것이라고 믿기에는 불확실성이 너무 크다. 특히 과학적인 불확실성이 높고 과학적 증거가 부족한 상황에서 시민들의 건강권을 지키기 위해서는 과학적 원칙을 넘어설 수 있는 사전 예방 원칙을 적용하는 것이 중요할 수 있다.

과학적 연구기반 구축

세 번째로 광우병과 연관된 또 다른 중요한 원칙 중 하나는 과학적 연구기반을 구축하는 것이다. 소위 광우병 정국을 통해서 본 것처럼 시민들에게 광우병에 대해 속 시원하게 말해줄 수 있는 전문가가 한국에 턱없이 부족하다는 사실이 드러났다.[176]

한국에서 전문적으로 스크래피나 광우병과 함께 알츠하이머병과 같은 퇴행성 신경질환을 연구하는 연구소는 아마도 한림대 의과대학의 환경생명과학연구소 정도뿐이다. 하지만 이 연구 팀마저도 광우병 논쟁 당시에 광우병 감염 위험에 대한 유전적 취약성에 대한 논란이 불거졌을 때 전문가로서 문제에 대한 정보를 제공할 수 없어 무력화되었다. 이것은 아마도 한국과학계가 지닌 정치성과 정치적인 영향에 대한 취약성을 고스란히 보여주는 한 예였을 것이다.

가까운 일본의 예를 들어보면 일본은 이미 1976년부터 후생노동성MHLW이 슬로바이러스연구위원회Slow Virus Research Committee를 설치하여 이 분야에 대한 연구를 시작했다. 당시 크로이츠펠트야코프병의 병원체를 실험쥐에 전이해 자체적으로 실험을 할 수 있도록 하였다.[177] 또 1980년대에 캐나다에서 스크래피 병원체를 입수하여 스크래피 병원체에 대한 연구를 수행했으며, 이 연구위원회는 아직까지 크로이츠펠트야코프병 분야에서 활발하게 연구하는 것으로 알려졌다.[178] 이러한 스크래피와 크로이츠펠트야코프병 분야의 인적 물적인 기반설비를 토대로 1996년 영국에서 처음으로 변종 크로이츠펠트야코프병, 즉 광우병이 발생했을 때 일본 농림수산성MAFF과 후생노동성은 공동으로 프리온 질병을 연구할 수 있도록 독립적인 연구 그룹을 설립했다. 이 두 가지 연구 그룹의 활동은 일본에서 광우병이 발생했을 때 그 효력을 발휘하여 즉각적인 안전 조치를 취

하는 데 중요한 역할을 한 것으로 알려진다.[179]

결국 2001년 4월 일본에서 광우병이 발생했을 때 실제적으로 일본 정부가 준비해온 과학자들의 역할이 그 힘을 발휘했으며 즉각적으로 일본에서 키우던 100만 마리의 소에 대한 전수조사를 비롯해 광범위한 안전 조치를 취하였다. 일본정부는 과학자들의 자문을 받아들여 특정 위험 물질을 완전히 제거하고 육골분 사용을 금지하는 조치를 취했다. 2001년 10월부터 2006년 말까지 도축장에서 552만 마리의 소에 대한 전수조사를 수행하여 2006년 5월까지 18건의 광우병을 발견했다. 이처럼 일본은 광우병과 연관된 질병을 연구하기 위해 1970년대부터 연구 인력을 확충하고 지원했기 때문에 20여 년 뒤에 실제로 일어날 문제에 빠르고 확고한 안전조치를 취할 수 있었다.

또 이러한 역량과 경험을 바탕으로 대미 쇠고기 시장개방을 위한 정부간 협상 과정에서도 뚜렷한 과학적인 증거와 자체적인 데이터를 바탕으로 미국에 대해 일본에 수입할 수 있는 쇠고기의 안전조치를 확보한 후 미국산 쇠고기를 수입하고 있다.

문제는 미국산 쇠고기 수입 문제를 놓고 한국 측이 유리한 협상안을 관철하기 위해서는 분명 이에 적합한 위험평가와 그간 축적된 한우에 대한 광우병 연구자료 준비가 필수였을 것이다. 하지만 과학적 연구기반이 전혀 없는 상태에서 미국 측이 제시한 소위 '과학적인' 자료에 반박할 수 있었겠는가 하는 문제가 제기될 수 있다. 자체적인 과학적 기준이 없는 상태에서 한국이 의존할 수밖에 없는 것은 국제수역사무국의 최소 요구기준일 뿐이었을 것이다. 이와 비교해서 일본은 미국과의 쇠고기 협상에서 자신들이 가지고 있던 과학적인 연구자료를 이용하여 수입기준을 30개월 미만에서 20개월 미만으로 낮추는 데 성공했으며 지금도 20개월 미만의 쇠고기만이 일본에 들어올 수 있다.

그렇다고 한국에서 광우병의 발생 위험에 대한 평가연구가 전혀 없었던 것은 아니다. 국제수역사무국의 평가에서 한국은 광우병 발생여부를 알 수 없는 국가로 분류한다. 국제수역사무국이 한국을 광우병 발생여부를 알 수 없는 무분류 국가로 평가한 것은 한국에서 지금까지 광우병에 대한 위험평가나 과학적인 연구가 실질적으로 이루어지지 않았음을 의미한다.

이러한 상황을 타계하기 위해 한국 정부의 농산부 동물보건 분야 연구자들은 2005년에 한국의 광우병 발생여부에 대한 조사를 수행했다. 당시 국제수역사무국과 유럽연합을 비롯한 국제조직들은 한국에 광우병을 일으킬 수 있는 잠재성을 갖고 있는 육골분이 영국에서 수입되었을 가능성이 있었기 때문에 이에 대한 관심을 표명하였다. 이에 대응하기 위해 한국 정부도 200만 마리의 한우를 사육하고 있는 상황에서 위험평가를 수행하지 않고서는 그 투명성을 보장할 수 없다고 보았다.[180]

당시 유럽 측 통계Eurostat에 따르면 영국을 비롯한 5개 국가(영국, 독일, 덴마크, 네덜란드 그리고 벨기에)가 1380톤의 육골분을 한국에 수출한 것으로 되어 있다. 하지만 한국 측 자료는 유럽이나 영국에서 육골분이 수입된 적이 없다는 주장을 제기한다.

이와 같은 통계상의 불확실성으로 인해 위험평가는 더욱이 불가피해졌으며 한국은 1996년부터 2004년까지 도축장에서 문제가 있는 8677마리의 한우에 대한 광우병 조사를 실시했다. 한국 측은 국제수역사무국의 최소검사 기준보다 여덟 배 정도 높은 검사를 수행한 결과 한국에서 광우병 발생은 전혀 없었다고 주장하면서 그 투명성을 강조하였다.[181]

그렇지만 전수조사를 실시하는 영국을 비롯한 유럽 국가들과 일본의 상황과 달리 비교할 수 없이 적은 샘플을 대상으로 수행한 조사를 통해 광우병 발생이 없다고 주장하는 것은 문제가 있어 보인다. 이미 위에서 본 것처럼 유럽연합에서는 '무증상' 소에 대한 검사를 통해 113건의 광우병을 발견했으며 일본은 552만 마리에 대한 조사를 통해 18건의 광우병을 발견했다. 이들 사례를 통해 볼 때 단순히 8677마리의 소(이들 소는 건강한 무증상 소가 아닌 다우너 소를 비롯한 문제가 있는 소를 대상으로 한 조사였다)를 대상으로 조사를 수행하여 한 건의 발병 사례도 없다고 주장하는 것은 약간 과도한 결론을 내린 것처럼 보일 수 있다.

인간광우병 취약성에 대한 논란

지금까지 엄격한 광우병 조사를 통해 광우병이 발병한 나라에서는 예외없이 인간광우병인 변종 크로이츠펠트야코프병이 발생했다. 이것은 일단 광우병이 발생하면 변종 크로이츠펠트야코프병의 발병은 피할 수 없으며, 불가피한 연쇄 현상이 일어난다는 것을 의미한다. 특히 지난 광우병 파동에서 논란이 되었던 '한국 인구의 유전적 연구를 통한 프리온 질병의 취약성'에 대한 논문은 더욱 중요한 시사점을 제기한다.[182]

유전적 취약성에 대한 문제는 미국산 쇠고기 수입 문제와 광우병의 위험성을 둘러싼 논쟁에서 가장 중심에 서 있었던 논란거리였다. 한국에서 거의 유일한 광우병 전문가인 한림대 의대학장인 김용선 교수 연구 팀은 최근 몇 년 동안 한국인의 광우병과 연관된 유전자형(소위 프리온 유전자)에 대한 독자적인 연구를 진행해왔다. 그리고 크로이츠펠트야코프병과 연관되는 유전자의 유전형질 중 한국인들은 94.33퍼센트가 MM형이었다고 보고했다. 그리고 나머지 5.48퍼센트는 MV형, 그리고 0.19퍼센트 정도가 VV형이었다고 주장했다. 이러한 한국인의 유전형질은 일본인(93퍼센트)보다 높은 수치이며 영국인(36.79퍼센트)보다 세 배 정도 높은 수치였다. 그렇다면 도대체 MM형은 무엇이고, VV형은 무엇이며, MV형은 무엇을 의미하는 것일까?

지금까지 학자들은 광우병의 병원체인 프리온 단백질을 만들어내는 유전자를 발견했으며, 이 유전자가 만들어낸 프리온 단백질은 메티오닌$_{M}$과 발린$_{V}$으로 구성되어 있다는 사실을 알아냈다. 이 두 가지 단백질 구성물질은 유전형에 따라 메티오닌-메티오닌$_{MM형}$,

발린-발린VV형, 그리고 메티오닌-발린MV형의 결합으로 발현된다.[183]

문제는 지금까지 영국을 중심으로 한 유럽에서 인간광우병으로 사망한 사람들의 유전형 대부분이 MM형이었다는 사실이다. 이를 통해서 많은 학자들은 MM형 유전형을 갖고 있는 사람들이 인간광우병에 걸릴 위험이 높다고 주장해왔다.

하지만 우리는 여기에서 정확하게 확인해봐야 할 한 가지 사실이 있다. 현재 광우병 학자들이 모두 합의하는 한 가지 확실한 점은 이 질병에 대해 우리가 모르는 것이 너무 많다는 점이다. 과학자들의 불확실성에 대한 합의는 앞 장에서 역사적인 설명을 통해 자세히 소개했다. 즉 불확실성의 확실성에 대한 합의만 이루어졌을 뿐, 병원체의 기본 성격에서 치료법까지 많은 부분이 불확실하다. 광우병 연구자들은 불확실성이라는 지뢰밭을 지나가는 군인과 같은 처지다.

인간광우병 취약성의 문제도 마찬가지로 불확실성이 높은 영역이다. 질병의 취약성을 판단하기 위해서는 단순히 유전자라는 변수만으로는 판단이 불가능하다. 특히 광우병은 종간 장벽을 뛰어넘는 질병이기 때문에 어느 부위의 오염된 물질을 얼마만큼 섭취했는가, 종간장벽의 정도는 어떠한가, 어떤 과정으로 전이되었는가 등 여러 가지 복잡한 요인들이 영향을 미친다.

예를 들어 최근 영국 정부를 긴장시키고 있는 한 가지 중요한 문제는 두 명의 인간광우병 환자가 쇠고기 섭취가 아닌 수술과정에서 받은 수혈을 통해 전염되었다는 사실이다. 그리고 과학자들은 광우병의 병원체인 프리온 단백질이 수술도구에 붙은 경우 정상적인 소독 과정을 거쳐도 사라지지 않는 점을 발견함에 따라 전국의 병원에서 사용하고 있는 외과 수술도구에 대한 강력한 소독작업과 일회용 수술장비의 도입을 추진하기 위해 250만 파운드의 비용을 투자했다.

또 유전형에 따른 광우병의 취약성을 논할 때 우리가 간과하면 안 되는 중요한 문제가 있다. 지금까지 학자들은 인간광우병은 대부분 MM유전형의 사람들만 걸린다고 생각해왔으며 MV형이나 VV형은 광우병에 상대적인 저항력을 가지고 있다고 믿었다. 하지만 작년 MV형 유전형을 가진 환자가 인간광우병에 걸려 사망함으로써 이러한 과학자들의 믿음은 산산히 깨어지고 말았다. 더 커다란 우려는 MV형 유전자를 가진 사람들의 광우병 잠복기간이 MM형보다 훨씬 길다는 사실이 밝혀지면서 지금까지 광우병으로 인한 사망은 1차 파동에 불과하며 제2차 파동이 닥칠 수도 있다는 점이다.

영국의 해면상뇌증자문위원회의 의장을 맡은 크리스 히긴스 Chris Higgins 교수는 "지금까지 160명에서 170명의 MM형 환자가 광우병에 감염된 것을 토대로 계산하면, MV형 유전자를 가진 사람들이 광우병에 감염될 수 있는 숫자는 최대 300명에서 350명으로 계산할 수 있으며 실제적으로 50명에서 350명 사이가 될 것이다"라고 예상했다.[184]

더구나 취약성 논쟁과 관련하여 우리에게 더욱 경각심을 일으키는 것은 파푸아뉴기니에서 발생했던 쿠루병의 사례이다. 이미 우리가 4장에서 본 것처럼 쿠루는 파푸아뉴기니의 원주민인 포레족들 사이에서 발생한 질병으로 1960년대에 창궐하여 수많은 사상자를 냈다. 하지만 이것은 완전히 끝난 역사 속의 질병이 아니다. 1996년부터 2004년 사이에 11명의 쿠루 환자가 다시금 확인되었으며 이들은 모두 포레족의 식인 습관이 금지된 1950년대 말 이전에 태어난 사람들로 당시 어린시절에 식인 습관에 참여한 것으로 드러났다. 즉 최소한 이들의 잠복기간은 34년에서 41년으로 계산되고 있다. 특히 과학자들을 긴장시키는 사실은 최근 발생한 쿠루 환자들 열명 중 여덟 명이 MV형 유전자라는 사실이다. 즉 MV 유전자형의 사람들은 MM형보다 훨씬 잠복기가 길다는 사실을 보여준다.[185] 이처럼 유전형을 가지고 취약성을 논의하는 것은 문제를 너무 단순화시킬 수 있는 위험이 있다.

광우병은 언제나 과학자들이 갖고 있는 불확실성에 대한 공포와 대중들이 갖고 있는 질병에 대한 공포라는 두 가지 공포가 결합하여 상승작용을 일으키는 대표적인 질병이다. 하지만 이 분야의 과학자들은 불확실성의 공포를 제거하기 위해 아주 미세한 문제 하나까지 조심스럽게 접근하고 있다. 이 과정에서 질병의 발생 가능성 및 패턴 등을 예측할 수 있게 되었다. 한 가지 확실한 점은 우리에게도 이미 광우병이라는 공포의 그림자가 드리워지고 있다는 것이다.

이제 마지막으로 두 가지 문제에 대해서 간략히 논의하면서 글을 마쳐야 할 것 같다.

유럽연합은 왜 미국산 쇠고기를 수입하지 않는가?

1985년을 전후로 영국에서 광우병이 발생하고 영국산 쇠고기 수출이 완전히 금지되면서 영국은 물론 전 유럽은 대혼란에 빠졌다. 이러한 와중에 왜 유럽은 광우병이 발생하지 않은 미국에서 쇠고기를 수입하여 자국의 쇠고기 수요를 충족하지 않았을까? 오히려 1989년에 유럽연합은 미국산 쇠고기에 대한 수입을 전면 금지하는 조치를 단행해 미국과 유럽연합 간의 대규모 무역 분쟁이 일어났다. 대서양을 마주한 이 무역 분쟁으로 아직도 영국 시장에서 미국산 쇠고기를 찾는 것은 정말 어려운 일이다. 그렇다면 유럽연합은 영국과 자국의 소들을 모두 폐기하는 상황에서 왜 '안전한' 미국산 쇠고기를 수입하지 않고 오히려 수입을 전면 금지하는 극약처방을 내렸을까?

유럽에서는 축산업 분야에서 6가지 종류의 호르몬제 사용을 금지한다. 즉 에스트라디올, 프로제스테론, 테스토스테론 등 세 가지 천연 호르몬과 제라놀(에스트로겐), 아세트산염 트렌볼론(일종의 스테로이드) 그리고 아세트산염 멜렌제스트롤(프로제스틴)이라는 3가지 합성호르몬 사용을 금지한다. 문제는 소의 성장을 촉진하기 위해 미국의 축산업자들은 이들 호르몬을 투여한다는 점이다. 유럽연합의 과학자들은 이들 성장호르몬이 암을 유발할 수 있다는 연구결과를 근거로 미국산 쇠고기에 대한 금수조치를 발표했다. 미국과 유럽 사이의 무역 분쟁은 세계무역기구WTO에 제소로 이어지면서 더욱 악화되었으며 세계무역기구는 성장호르몬의 위험성을 주장하는 유럽연합의 입장이 근거가 없다는 이유로 미국의 손을 들어주었지만 유럽연합은 이 결과에 승복하지 않은 채 지금까지 미국산 쇠고기를 수입하지 않고 있다.

하지만 2008년 미국 뉴욕의 로체스터 대학 연구 팀의 연구에 따르면 호르몬 처리된 쇠고기를 먹은 산모의 아들은 쇠고기를 먹지 않거나 적게 먹은 산모의 아들보다 정자수가 적다는 결과를 발표하면서 다시 성장호르몬을 사용한 쇠고기의 위험성이 부각된 바 있다.[186]

유럽연합이 성장호르몬 처리된 쇠고기에 대해 수입금지 조치를 내림에 따라 미국이 입은 피해액은 연간 2억 달러에 달할 것으로 추산된다. 이러한 문제를 해결하기 위해 미국 농무부가 발표한 보고서에 의하면, 미국은 유럽연합의 소비자들에게 공급하기 위해 비호르몬 처리된 소 사육 프로그램Non-hormone Treated Cattle Programme을 추진하고 있다.[187] 이 프로그램은 유럽으로 수출되는 쇠고기에 대해 성장호르몬 투여를 금지하고, 소의 출생과 도축까지 모든 과정에 대한 증명서를 제출하며, 연방정부가 유럽수출용 쇠고기에 대한 도축 및 가공 과정을 감독한다는 것을 골자로 한다. 2005년 현재 미국 내에서 오직 세 곳의 도축장이 유럽연합 수출용 소를 처리할 수 있도록 허가를 받고 있다.

영국을 포함한 유럽연합은 광우병 파동을 통해서 너무나 큰 교훈은 얻었다. 자국 국민의 생명보호를 위한 식품정책은 세계 어느 곳보다 강화되었으며 결국 무역분쟁에서 패소했음에도 식품정책 완화는 전혀 추진하지 않고 있다. 물론 유럽연합 국가들의 보호주의 무역의 속성과 오랜 전통은 성장호르몬 쇠고기 무역분쟁에서 빠지지 않는 요소이기도 하다. 여기서 우리가 배울 점은 자명하다. 국민의 안전한 먹거리를 확보하기 위한 정부의 최대한의 노력은 아무리 해도 부족함이 없다는 점이다.

과학의 절대적 객관성에 대한 뜨거운 열망

2008년 한국을 들썩거리게 한 미국산 쇠고기와 광우병과 관련한 논란은 모두 과학적 근거에 의존하는 모습을 보였다. 미국 무역대표인 수전 슈워브부터 우리 정부의 농림부 장관, 그리고 심지어 버시바우 주한 미국대사는 "한국 국민들이 미국산 쇠고기와 관련한 사실 관계나 과학에 대해 좀더 배우기를 희망한다"라는 명대사를 쏟아내고 말았다. 이처럼 모든 사람들은 자신들의 주장이 과학에 근거한 것이며 과학적으로 검증된 것이라고 주장한다. 이로 인해 조용히 자신의 실험실에서 국민들에게는 생경한 크로이츠펠트야코프병을 연구하던 한 교수님의 논문이 여론의 집중조명을 받으며 논란의 대상이 되기도 했다. 그렇다면 광우병의 과학은 절대적으로 객관적인가? 광우병에 대한 대부분 실험연구는 실험용 쥐와 침팬지를 이용한 것을 토대로 한 것이다. 심지어 일각에서는 광우병의 원인물질인 프리온prion 단백질이 정말 병원체인가라는 문제제기가 사라지지 않고 있다.

일부 과학자들은 광우병의 원인물질을 프리온으로 너무 이르게 단정지어 오히려 광우병 병원체에 대한 광범위한 연구가 배제되는 결과를 가져왔다고 지적한다. 과학자들이 주장하는 객관성은 절대적인 것이 될 수 없다. 과학적 실험에서 얻은 결과도 연구자들마다 달리 해석하며 전혀 상반된 해석을 낳기도 한다. 즉 과학의 객관성은 가변적이며 종교적인 권위처럼 기능할 수 없다는 점이다. 광우병 문제에서 언급되는 과학적 증거에 대한 논의는 결국 과학적 해석의 문제가 된다. 하지만 현재 광우병 파동에서 '과학'은 절대적인 종교적 권위로 작용하는 것처럼 보인다.

소위 '30개월령'의 과학적 근거도 절대적 객관성이 될 수 없다. 국제수역사무국은 30개월 미만의 소는 마치 광우병에서 안전하다는 것이 과학적으로 증명된 것처럼 여기고 있다. 하지만 이미 영국에서 20개월령 소의 뇌에서 프리온 단백질을 발견하였으며, 일본에서도 30개월 미만의 소에서 프리온 단백질이 생성된다는 사실을 발견해 미국에 대해 20개월 미만의 쇠고기를 수입하는 근거로 제출하였다. 즉 광우병 발생 가능성의 기준이 되는 '30개월령'의 기준은 과학적으로 절대적인 객관성을 담보하지 않는다. 그보다는 지금 시점에서 과학적 연구 결과에 대한 해석과 합의로 이루어진 기준이 되는 것이다.

또 한 가지 예는 소위 '특정 위험 물질'에서도 발견된다. 정부는 국제수역사무국의 기준에 따라 특정 위험 물질을 소의 두개골, 뇌, 척수, 창자, 장간막, 편도와 회장 끝으로 규정한다. 이것은 절대적인 과학적 기준에 근거한 것처럼 보인다. 하지만 척추와 연결된

갈비뼈를 위험 물질로 볼 것인가 또는 회장 끝 2미터와 연결된 내장을 위험 물질로 볼 것인가는 각 나라마다 다른 기준이 적용된다. 유럽연합은 국제수역사무국이 규정한 특정 위험 물질과 연결되거나 접하는 기관도 위험 물질로 취급한다. 결국 유럽연합의 과학적인 기준에서 보면 한국에 수입될 일부 미국산 쇠고기는 특정 위험 물질이 되는 것이다.

과학적 증거의 객관성은 그 해석 과정에서 이루어지는 합의에 따라 만들어질 뿐 애초 절대적으로 객관성을 담보할 수 없다. 과학적 객관성은 항상 그를 둘러싼 상황과 사회적 배경과 결합될 수밖에 없다. 한때 광우병의 병원체는 프리온이 아닌 슬로 바이러스라고 불렸다. 그리고 1982년 미국의 신경학자인 스탠리 프루지너 교수가 프리온 이론을 발표했을 때 과학자 사회에서는 프리온 이론을 그저 괴담으로 취급했을 뿐이었다.

하지만 그는 1997년에 노벨의학상을 수상하였고 프리온 이론은 광우병을 설명할 수 있는 '가장' 설득력 있는 이론이 되었다. 괴담 취급을 받던 프리온 이론이 최신 분자생물학적 연구방법과 유전공학적 방법과 결합해 좀더 강력한 설명력을 갖게 되면서 과학자 사회는 점차 바이러스 이론에서 프리온 단백질 이론으로 기운 것이다.

아마 최근 5년 동안 세계적인 과학 잡지에 실린 광우병 관련 연구논문들 거의 대부분은 이런 구절로 시작한다. "광우병은 아직도 논란이 되고 있다. 광우병은 프리온 질환 또는 전염성 해면상뇌증TSEs의 하나이다". 이를 다시 읽어보면 "광우병은 아직도 과학자들 사이에서 논쟁이 지속되고 있는 질병이다. 그리고 광우병은 프리온 질환으로 취급하는 과학자들도 있으며, 전염성 해면상뇌증이라고 취급하는 학자들도 있다"로 해석된다.

우리가 여기에서 간과할 수 없는 점은 과학적 객관성에 대한 절대적인 열망은 오히려 그 객관성의 이름으로 오용될 가능성이 있다는 점이다. 그리고 한 가지 더욱 중요한 점은 한국에 살고 있는 시민들 중 단 한 사람이라도 광우병에 걸릴 수 있는 가능성을 완전히 차단해야 한다는 점이다.

1. Vyner, R.(1755), "Report from the Select Committee on the petition of several breeders and feeders of sheep in the county of Lincoln", *Report of the Select Committees*, First Series XI: 379.
2. Comber, T.(1722), *Real Improvements in Agriculture: Letters to Reade Peacock, Esq and to Dr Hunter, Physician in York, concerning the Rickets in Sheep*(London: Printed for W. Nicoll).
3. Vyner, R.(1755), *op. cit.*
4. Gentleman of Whiltshire(1777), "On the disease called the Goggles in sheep", *Letters and Papers on Agriculture: Bath and West of England Society* 1: 42~44.
5. Cameron, J.(1913), "Vide lecture to Northumberland shepherds: Society at Ancroft, Northumberland", *Berwick News*, 13th January.
6. Porter, R.(2000), *Englightement: Britain and the Creation of the Modern World*(London: Penguin).
7. Ladurie, E.(1971) *Times of Feast, Times of Famine: A History of Climate since the year 1000*(London: Doubleday).
8. Max, D.T.(2006), *The Family that Couldn't Sleep*: 23(London: Portobello Books).
9. Taylor, J.(2003), *The St. Albans Chronicle*(Oxford: Clarendon Press)
10. Young, A.(1813), *General View of the Agriculture of Oxfordshire* (London: Sherwod, Neely and Jones).
11. Leopoldt, J. G.(1959), *Nüzliche und auf die Erfahrung gegründete Einleitung zur Landwirtschaft*(Berlin: Glogau).
12. Stumpf, G.(1785), *Versuch einer progmatischen Geschichte der Schäfereien in Spanien, und der Spanischen in Sachsen*(Leipzig: J. G. Müller).
13. Fink, J. H.(1797) "Answers to queries concerning the breeding of sheep in Germany, particularily Upper Saxony", *Communications to the*

Board of Agriculture on Subjects Relative to the Husbandary: 276~294 (London: Board of Agriculture).
14. Parry, H. B.(1983), *Scrapie Disease in Sheep: Historical, Clinical, Epidemiological, Pathological and Practical Aspects of the Natural Disease*: 45(London: Academic Press).
15. Stumpf, G.(1785), *op. cit.*
16. Youatt, W.(1837), *Sheep: Their Breeds, Management and Diseases* (London: Robert Baldwin).
17. Wickner, R. B.(2005), "Scrapie in ancient China?", *Science* 309 : 874.
18. Besnoit, C. & Morel, C.(1898), "Note sur les lesions nerveuses de la tremblante de mouton", *Comptes Rendus de la Societe de Biologie* 5: 536~538.
19. Stockman, S.(1913), "Scrapie: an obscure disease of sheep", *Journal of Comparative Pathology and Therapeutics* 26: 317~327.
20. Cuille, J. & Chelle, P. L.(1936) "La maladie dite tremblante du mouton est-elle inoculable?", *Comptes Rendus de Academie des Sciences*(Paris) 203: 1552~1554.
21. Gordon, W. S.(1946), "Advances in veterinary research: louping ill, tick-borne fever and scrapie", *The Veterinary Record* 58(47): 516~525.
22. Wilson, D. R., Anderson, R. D. & Smith, W.(1950), "Studies in scrapie", *Journal of Comparative Pathology* 60: 267~282.
23. Chandler, R. L.(1961), "Encephalopathy in mice produced by inoculation with scrapie brain material", *Lancet* 1: 1378~1379.
24. Yam, P.(2003), *The Pathological Protein: Mad cow, chronic wasting disease and other deadly prion disease*: 13(New York: Copernicus Books).
25. Creutzfeldt, H. G.(1920). "Über eine eigenartige herdförmige Erkrankung des Zentralnervensystems", *Monographien aus dem Gesamtgebierte der Neurologie und Psychiatrie* 57: 1~18.
26. Schuwartz, M.(2001), *How the Cows Turned Mad*: 33(Berkeley: University of California Press).
27. Jacok, A.(1921), "Über eine eigenartige Erkrankung des Zentralnerven-

system mit bemerkenswertem anatomischen Befunde", *Monographien aus dem Gesamtgebiete der Neurologie und Psychiatrie* 64: 147~228.

28. Spielmeyer, W.(1922), "Die histopathologische Forschung in der Phychiatrie", *Klinische Wochenscrift* 1: 1817~1819.
29. 최근 일부 학자들은 크로이츠펠트야코프병은 크로이츠펠트와 야코프가 동일한 질병을 발견한 것이 아니라고 주장한다. 크로이츠펠트와 야코프가 조사한 질병은 전혀 공통점이 없으며 특히 크로이츠펠트가 발견한 질환은 현대적인 개념의 크로이츠펠트야코프병이라고 할 수 없다고 주장한다. 엄격하게 정의하면 크로이츠펠트야코프병은 야코프병이라고 불러야 한다는 것이 일부 연구자들의 주장이다. Katscher, F.(1998), "It's Jakob's disease, not Creutzfeldt's", *Nature* 393: 11(7 May 1998).
30. Ridley, R. M. & Baker, H. F.(1998), *Fatal Protein: The story of CJD, BSE, and other prion diseases*: 67(Oxford: Oxford University Press).
31. Ridley, R. M. & Baker, H. F.(1998), *ibid.*: 67~68.
32. Kirschbaum, W. R.(1968), *Jakob-Creutzfeldt Disease*(New York: Elsevier).
33. Masters, C. L, Harris, J. O., Gajdusek, D. C., Gibbs, C. J., Bernoulli, C., Asher, D. M.(1979), "Creutzfeldt-Jakob disease: patterns of worldwide occurrence and the significance of familial and sporadic clustering", *Annals of Neurology* 5: 177~188.
34. Goldberg, H., Alter, M., Kahana, E.(1979), "The Lybian Jewish focus of Creutzfeldt-Jakob disease: a search for the mode of natural transmission", S. B. Prusiner and W. J. Hadlow(eds), *Slow Transmissible Diseases of the Central Nervous System Vol.1*: 195~211(New York: Academic Press).
35. McArthur, J. R.(1955), *Report of a patrol originating at Okapa, No. 4 of 1954/1955*: 9(Eastern Highlands District).
36. Berndt, R. M.(1959) "A devastating disease syndrome: kuru sorcery in the eastern central highlands of New Guinea", *Sociologus* 8: 4~28. 당시 캐서린 번트는 세계적으로 유명한 인류학자였던 마거릿 미드Margaret Mead에게 이 질병의 존재에 대해 알렸으며 미드는 이 문제는 의학자들이 개입해야 할 문제인 것 같다고 조언을 해주었다고 한다. Berndt, C.(1992), "Journey

along mythic paths", T. E. Hays(ed.), *Ethnographic Presents: Pioneering Anthropologists in the Papua New Guinea Highlands*: 98~136 (Berkeley: University of California Press).
37. Fischer, A. and Fischer, J. L.(1961), "Culture and epidemiology: a theoretical investigation of kuru", *Journal of Health and Human Behavior* 2(1): 16~25.
38. 셜리 린덴바움과 로버트 글라스의 광범위한 포레족과 쿠루에 대한 연구는 1979년 단행본인 다음의 책으로 발표되었다. Lindenbaum, S.(1979), *Kuru Sorcery: Disease and danger in the New Guinea Highlands*(Boston: McGrow Hill).
39. Gajdusek, C.(1973), "Kuru in the New Guinea Highlands", John Spillance(ed.), *Tropical Neurology*: 378(New York: Oxford University Press).
40. Mead, S., Stumpf, M. P. H., Whitfield, J. et al.(2003), "Balancing selection at the prion protein gene consistent with prehistoric Kurulike epidemics", *Science* 300: 640~643.
41. Puwa, A.(2008), "Most people still believe that kuru is caused by sorcery", *Philosophical Transactions of the Royal Society B,* 363 : 3656.
42. Collinge, J., Whitfield, J., McKintosh, E. et al(2008), "A clinical study of kuru patients with long incubation periods at the end of the epidemic in Papua New Guinea", *ibid.*: 3725~3739.
43. Chandler, R. L.(1961) *op. cit.*
44. Gordon, W. S.(1946), *op. cit.*
45. 하지만 미국 정부는 기존의 비용 지불 방법을 바꾸어 그때까지 남아 있던 제2차 세계대전에 연합군의 식량지원 자금의 일부를 돌려 스크래피 연구에 사용하는 결정을 내렸다. 이것은 결국 전시에 영국에 이미 지불된 비용에서 남은 비용을 사용하는 것을 의미했다. 이 때문에 영국의 과학자들과 농업연구위원회는 스크래피 연구의 규모를 기존 계획보다 축소하는 결정을 내렸다.
46. MacKenzie, A.(1987), "History of the Agricultural Research Council Institute of Research on Animal Diseases at Compton", *Unpublished Report*(Compton: IRAD); Angus, K.(1990), *A History of the Animal Diseaess Research Association, 1920-1990*(Edinburgh: Moredun

Research Institute).

47. Schwartz, M.(2003), *How the Cows Turned Mad*: 49~50(Berkeley: University of California Press).

48. Pattison, I. H., Gordon, W. & Milson, G. C.(1959), "Experimental production of scrapie in goats", *Journal of Comparative Pathology* 69: 300.

49. Dickinson, A. G. & Meikle, V. M. E(1964), "Genetical control of the incubation period in mice of the neurological disease, scrapie", *Hereditary* 19: 279~288.

50. Dickinson, A. G. & Meikle, V. M. E.(1969) "A comparison of some biological characteristics of the mouse-passaged scrapie agents, 22A and ME7", *Genetical Research* 13(2): 213~225.

51. ME7은 디킨슨 연구 팀이 가장 대표적으로 사용한 계통으로, 1963년 모어던 연구소의 연구원인 이안 즐로트닉Ian Zlotnik이 모어던에서 스크래피에 걸린 서포크종 양에서 추출한 계통이다. 증상의 변화가 뚜렷하고 병리학적 형태가 매우 정확하게 나타나기 때문에 연구자들이 주로 선호한 계통의 병원체다. ME는 실험쥐 뇌증Mouse Encephalopathy의 줄임말이다.

52. Dickinson, A. G. & Meikle, V. M. E.(1971), "Host-genotype and agent effects in scrapie incubation: change in allelic interaction with different strains of agent", *Molecular and General Genetics* 112: 73~79.

53. Rhodes, R.(1997), *Deadly Feasts: Tracking the secrets of a terrifying new plague*: 164(New York: Simon & Schuster).

54. Sigurdsson, B.(1954), "Rida: a chronic encephalitis of sheep: with general remarks on infection which develop slowy and some of their special characteristics", *The British Veterinary Journal* 110: 341~354.

55. Hope, J.(1994), "The nature of the scrapie agent: the evolution of the virino", *Annals of the New York Academy of Sciences* 724: 282~289.

56. MacKenzie, A.(1987), *op. cit.*

57. Alper, T. Haig, D. A., & Clarke, M. C.(1966), "The exceptionally small size of the scrapie agent", *Biochemical and Biophysical Research Communications* 22: 278~284.

58. Clarke, M. C.(2000) *Interview with author*, 31, May, 2000(Institute of

Animal Health: Compton).
59. Alper, T., Cramp, W. A., Haig, D. A. & Clarke, M. C.(1967), "Does the agent of scrapie replicate without nucleic acid?", *Nature* 214: 764~766 (20 May 1967).
60. Watson, J. D. & Crick, F. H. C(1953), "Molecualr structure of nucleic acids", *Nature* 171: 737~738(25 April 1953).
61. Crick F. H. C.(1958), "On protein synthesis", *Symposia of the Society for Experimental Biology* 12: 138~163; Crick, F. H. C.(1970), "Central dogma of molecular biology", *Nature* 227, 8, August, 1970: 561~563.
62. Pattison, I. H. & Jones, K. M.(1967), "The possible nature of the transmissible agent of scrapie", *The Veterinary Record* 80(1): 2~9.
63. Griffith, J. S.(1967), "Self-replication and scrapie", *Nature* 215, 2 September, 1967: 1043~1044.
64. Brenner, S.(1970), "Note on cntral dogma of molecular biology", *Francis Crick Collection, PPCRI/H/4/20*(London: Wellcome Library).
65. "What is scrapie?", *Nature* 214: 755(20 May 1967).
66. Silcock, B.(1967), "Sheep give clue to mysterious of life", *Sunday Times*: 1, 4(22 January 1967).
67. 플로지스톤은 17세기 라부아지에Lavoisier가 산소의 존재를 발견하기 전까지 가연물 속에 존재하는 물질로 생각했다. 하지만 산소의 존재를 라부아지에가 실험을 통해 증명하면서 존재하지 않지만 존재한다고 믿었던 가상 물질의 대명사가 되었다. 알퍼가 앨런 디킨슨을 플로지스톤 디킨슨이라고 부른 것은 그의 주장이 과학적인 근거가 없다는 점을 강조하기 위해 부른 이름이다. Dickinson, A.G.(1999), *Interview with author*(15 September 1999: Dunbar, Scotland).
68. Lord Privy Seal(1971), *A Framework for Government Research and Development*, Cmnd 4841(London: HMSO); Williams, R.(1973) "Some political aspects of the Rothschild affair", *Science Studies* 3: 34~46; DeJager, T.(1993), "Pure science and practical interests: the origin of the Agricultural Research Council 1930~1937", *Minerva* 31: 129~150.
69. Kim, K.(2007), *Social Construction of Disease: from Scrapie to Prion*: 80(London: Routledge).

70. Cooke, J.(1998), *Cannibals, Cows and the CJD Catastrophe*: 38(London: Minerva).
71. Hadlow, W. J.(1959), "Scrapie and kuru", *Lancet* ii, 5, September: 289~290.
72. Gajdusek, D. C.(1977), "Unconventional viruses and the origin and disappearance of Kuru", *Science* 197(4307): 943~960.
73. Rhodes, R.(1997), *op. cit.*: 32.
74. ARS(1964), *Report of Scrapie Seminar: Held at Washington DC, 23~30 January 1964*(Washington, Agricultural Research Service).
75. Beck, E., Daniel, P. M., Alpers, M., Gajdusek, D. C., and Gibbs, C. J.(1965), "Experimental 'Kuru' in chimpanzees: a pathological report", *Lancet* 2(7472): 1056~1059.
76. Gajdusek, D. C., Gibbs, C. J. and Alpers, M.(1966), "Experimental transmission of a Kuru-like syndrome to chimpanzee", *Nature* 209(25): 794~796.
77. Mathews, J. D., Glasse, R., and Lindenbaum, S.(1968), "Kuru and cannibalism", *Lancet* 2: 449~452(24 August 1968).
78. Gibbs, C. J., Gajdusek, D. C., Asher, E. M. et al(1968), "Creuztfeldt-Jakob Disease: transmission to the chimpanzee", *Science* 161(3839): 388~389.
79. Prusiner,S. B.(1998), "prions", *PNAS* 95, November, 1998: 13363~13383.
80. 1970년대 미국에서 있었던 스크래피 및 크로이츠펠트야코프병의 연구발전 현황 및 그 특성에 대한 자세한 상황은 졸저 Kim, K.(2007), 위의 책 6장을 참고할 것.
81. Prusiner, S. B.(1997), "Autobiography", *Nobel e-Museum*, Online, www.nobel.se/medicine/laureate/1997/prusiner-autobio.html.
82. Race, R.(2000), *Interview with author*, 14 August 2000(RML, Hamilton; Montana).
83. Race, R.(2000), *ibid.*
84. Kimberline, R. H and Walker, C. A.(1977), "Characteristics of a short incubation model of scrapie in the golden hamster", *Journal of General Virology* 34: 295~304.

85. Rhodes, R.(1997), *op. cit.*: 163.
86. Prusiner, S. B.(1982), "Novel proteinaceous infectious particles cause scrapie", *Science* 216(4542): 136~144.
87. Rhodes, R.(1997), *op. cit.*: 162.
88. Prusiner, S. B.(1982), *op. cit.*: 144.
89. Prusiner, S. B.(1982), *op. cit.*: 141.
90. Bolton, D.C.(2000), *Personal Communication with author*, 16th Novemeber.
91. 프루지너 자신도 병원체의 화학적인 구조나 속성을 먼저 알리는 것보다 이름을 붙이는 작업을 먼저 선행함으로써 자신의 존재를 학계에 알리는 계기로 만들었다고 인정하고 있다. 이러한 예는 과학사나 의학사에서도 매우 드문 일이지만 새로운 전략으로 당시 많은 학자들의 비판의 대상이 되었다. Prusiner, S. B.(2008), "Prions-a new principle of disease", *The Nobel Conversation: discovering the unexpected at Imperial College London*.
92. Prusiner, S. B.(2008), *ibid.*
93. Perlman, D.(1982), "Tiny life form found", *San Francisco Chronicle*(19 February, 1982).
94. Taubes, G.(1986), "The game of the name is fame, But is it science?" *Discover*: 28~52(December 1986).
95. Kimberlin, R. H.(1982), "Scrapie agent: prions or virinos?", *Nature* 297: 107~108.
96. Anonymous(1982), "Scrapie: strategies, stalemates and sucesses", *Lancet*: 1221~1223
97. Bruce, M.(1999), *Interview with author*(9 June, 1999: Neuropathogenesis Unit, Edinburgh).
98. Merz, P. A., Somerville, R. A., Winiewski, H. M., Iqbal, K.(1981), "Abnormal fibrils from scrapie-infected brain", *Acta Neuropathologica* 54(1): 63~74.
99. Merz, P. A., Somerville, R. A, Winiewski, H. M., Manuelidis, L., Manuelidis, E. E.(1983), "Scrapie-associated fibrils in Creutzfeldt-Jacob disease", *Nature* 306(5942): 474~476.
100. Bolton, D.(2000), *Interview with author*(31 July 2000: IBR, New York).

101. Bolton, D. C., McKinley, M. P., Prusiner, S. B.(1982), "Identification of a protein that purifies with the scrapie prion", *Science* 218(4579): 1309~1311.
102. Prusiner, S. B., Groth, D. F., Bolton, D. C., Kent, S. B. Hood, L. E.(1984), "Purification and structural studies of a major scrapie prion protein", *Cell* 38: 127~134.
103. Oesch, B, Westaway, D. Walchli, M. et al.(1985), "A cellular gene encodes scrapie PrP 27−30 protein", *Cell* 40: 735~746.
104. Bolton, D.(2000), *op. cit.*
105. Meyer, R. K., McKinley, M. P., Bowman, K. A., Braunfeld, M. B., Barry, R. A., Prusiner, S. B.(1986), "Separation and properties of celluar and scrapie prion proteins", *PNAS* 83: 2310~2314.
106. Chesebro, B. Race, R., Wehrly, K. et al.(1985), "Identification of scrapie prion protein−specific mRNA in scrapie−infected and uninfected brain", *Nature* 315(23 May, 1985): 313~333.
107. Manuelidis, L., Valley, S., Mnuelidis, E. E.(1985), "Specific proteins associated with Creutzfeldt−Jacob disease and scrapie share antigenic and carbohydrate determinants", *PNAS* 82: 4263~4267.
108. Kimberlin, R. H., Walker, C. A., Fraser, H.(1989), "The genomic identity of different strains of mouse scrapie is expressed in hamsters and preserved on reisolation in mice", *Journal of General Virology* 70: 2017~2025.
109. Carlson, G. A.(2000), *Interview with author*(9 August 2000: McLaughlin Research Institute, Great Falls, Montana).
110. Westaway, D., Neuman, S. Zuliani, V. et al.(1992), "Transgenic approaches to experimental and natural prion diseases" in S. B, Prusiner, J. Collinge, J. Powell & B. Anderson(eds), *Prion Diseases of Humans and Animals*(Chichester: Ellis Horwood): 473~482.
111. Bueler, H., Aguzzi, A., Sailer, A., et al.(1993), "Mice devoid of PrP are resistant to scrapie", *Cell* 73: 1339~1347.
112. Blakeslee, S.(1991), "Heretic theory on brain diseases gains new ground", *New York Times*(8 October 1991).

113. Prusiner, S. B.(1991), "Molecular biology of prion diseases", *Science* 252(5012): 1515~1522.
114. Bruce, M. E., Chree, A., McConnell, I. et al.(1994), "Transmission of bovine spongiform encephalopathy and scrapie to mice: strain variation and the species barrier", *Philosophical Transactions of the Royal Society*, London, Series B 343: 405~411.
115. Kingman, S.(1993), "London meeting explores the ins and outs of prions", *Science* 262: 180~181.
116. Kingman, S.(1993), *ibid.*: 181.
117. Bruce, M.(1999), *Interview with author*(9 June 1999: NPU, Edinburgh).
118. Baldwin, M. A., Pan, K. M., Nguyen, J. et al.(1994), "Spectroscopic characterization of conformational differences between PrP^{c} and PrP^{sc}: an α-helix to β-sheet transition", *Philosophical Transactions of the Royal Society of London, Series B 343*(29 March, 1994): 435~442.
119. Ozel, M. & Diringer, H.(1994), "Small virus-like structure in fractions from scrapie hamster brain", *Lancet* 343(8902): 894~895; Ozel, M., Xi, Y. G., Baldauf, E., Diringer, H., & Pocchiari, M.(1994), "Small virus-like structure in brains from cases of sporadic and familial Creutfeldt-Jakob disease", *Lancet* 344(8927): 923~924.
120. Mestel, R.(1996), "Putting prions to the test", *Science* 273(5272): 184~189.
121. Kocisko, D. A., Come, J. K., Priola, S. A. et al.(1994), "Cell-free formation of protease-resistant prion protein", *Nature* 370(6489): 419~420.
122. Mestel, R.(1996), *op. cit.*: 188.
123. Mestel, R.(1996), *ibid.*: 186.
124. Scott, M., Foster, D., Mirenda, C. et al.(1989), "Transgenic mice expressing hamster prion protein produce species-specific scrapie infectivity and amyloid plaques", *Cell* 59(1 December 1989): 847~857.
125. Scott, M., Groth, D., Foster, D. et al.(1993), "Propagation of prions with artificial properties in transgenic mice expressing chimeric PrP genes", *Cell* 73(4 June 1993): 979~988.

126. Telling, G. C., Scott, M. Hsiao, K. K. et al(1994), "Transmission of Creutzfeldt-Jakob disease from human to transgenic mice expressing chimeric human-mouse prion protein", *PNAS* 91: 9936~9940.
127. Telling, G. C., Scott, M., Mastrianni, J. et al(1995), "Prion propagation in mice expressing human and chimeric PrP transgenes implicates the interaction of cellular PrP with another protein", *Cell* 83: 79~90.
128. Cohen, F.(2000), *Interview with author*(22 August 2000, UCSF, San Francisco).
129. Race, R.(2000), *op. cit.*
130. Mestel, R.(1996), *op. cit.*: 188 ; Manelidis, L.(2000), "The force of prions", *Lancet* 355: 2083(10 June 2000).
131. Kolata, G.(1994), "Viruses or prions? An old medical debate still rages", *New York Times*(4 October 1994).
132. Karolinska Institute(1997), "The Nobel Assembly at the Karolinska Institute has today decided to award the Nobel Prize in physiology or Medicine for 1997 to Stanley B. Prusiner", *Press Release*(6 October, 1997).
133. Altman, L. K.(1997), "US scientist wins Nobel Prize for controversial work", *New York Times*(7 October, 1997).
134. Vogel, G.(1997), "Prusiner recognized for oce-heretical prion theory", *Science* 278: 214.
135. Wells, G. A. H., Scott, A. C., Johnson, C. T. et al.(1987), "A novel progressive spongiform encephalopathy in cattle", *Veterinary Record* 121: 419~420.
136. Phillips, B. J. & Ferguson-Smith, M.(2000), *The BSE Inquiry: Report*, Vol. 3: 11(London: The Stationery Office).
137. Fraser, H., McConnell, I., Wells, G. A. H., & Dawson, M.(1988), "Transmission of bovine spongiform encephalopathy to mice", *Veterinary Record* 123(18): 472.
138. Wilesmith, J. W., Wells, G. A. H. Cranwell, M. P. & Ryan, J. B. M.(1988), "Bovine spongiform encephalopathy: epidemiological studies", *Veterinary Record* 123: 638~644.

139. Siderius, C.(1893), *L'Alimentation des animaux domestiques, formulaires de rationas*: 30(Paris: Balliere).
140. Packer, R.(2006) *The Politics of BSE*: 109(London: Palgrave Macmillan).
141. Ridley, R. M.& Baker, H. F.(1998), *Fatal Protein: The story of CKD, BSE and other Prion Diseases*: 154(Oxford: Oxford University Press).
142. Wilesmith, J. W., Ryan, J. B. & Atkinson, M. J.(1991), "Bovine spongiform encephalopathy: epidemiological studies on the origin", *Veterinary Record* 128(9): 199~203.
143. Yam, P.(2003), *The Pathological Protein: Mad cow, chronic wasting and other deadly prion diseases*: 113~114(New York: Copernicus Books).
144. Royal Commission on Environmental Pollution(1979), *Agriculture and Pollution*(London: HMSO).
145. MAFF(1989), *Press Release 375/89, Ministry of Agriculture, Fisheries and Food*(25 September, 1989).
146. MAFF(1980), "Proposed Processing Order: Consultation Paper" in C. Barclay(ed)(1996), *Bovine Spongiform Encephalopathy and Agriculture*, House of Commons Library Research Paper 96/62, Section II B: 13.
147. ACARD(1982), *The Food Industry and Technology*(London: HMSO).
148. Van Zwanenberg, P. & Millstone, E.(2005), *BSE: Risk, Science and Governance*: 61(Oxford: Oxford University Press).
149. Van Zwanenberg, P. & Millstone, E.(2005), *ibid.*: 65.
150. Ridley, R. M. & Baker, H. F.(1998), *op. cit.*: 158.
151. Southwood, R.(1989), "Southwood Working Party, 1988~1989", *Report of the BSE Enquiry* Vol. 4: 44(London: HMSO, 2002).
152. Phillips, B. J. & Ferguson-Smith, M.(2000), *op. cit.*: 119.
153. Pennington, H.(2003), *When Food Kills: BSE, E. Coli and Disaster Science*: 162(Oxford: Oxford University Press).
154. Pennington, H.(2003), *ibid.*: 153.
155. "Ban of growth hormone", *The Lancet* 1: 1172.
156. Pennington, H.(2003), *op. cit.*: 154.
157. Holt, T. A. & Philips, J.(1988), "Bovine spongiform encephalopathy",

British Medical Journal 296: 1581~1582.
158. Schwartz, M.(2003), *op. cit.*: 155.
159. Yam, P.(2003), *op. cit.*: 119.
160. Yam, P.(2003), *ibid.*: 125~126.
161. Sawcer, S. J., Yuill, G. M., Esmonde, T. F. et al.(1993), "Creutzfeldt–Jakob disease in an individual occupationally exposed to BSE", *Lancet* 341: 642(8845); Ridley, R. M. & Baker, H. F.(1993), "Occupational risk of Creutzfeldt–Jakob disease", *Lancet* 341: 641~642(8845).
162. Schwartz, M.(2003), *op. cit.*: 156.
163. Britton, T. C., Al–sarraj, S., Shaw, C. et al(1995), "Sporadic Creutzfeldt–Jakob Disease in a 16–year–old in the UK", *Lancet* 346: 1155.
164. Wll, R. G., Ironside, J. W., Zeidler, M. et al(1996), "A new variant Creutzfeldt–Jakob disease in the UK", *Lancet* 347: 921~925(9006).
165. Rhodes, R.(1997), *op. cit.*: 209.
166. Bruce, M. E., Will, R. G., Ironside, J. W. et al(1997), "Transmission to mice indicate that 'new variant' CJD is caused by the BSE agent", *Nature* 389: 498~501(2 October 1997).
167. Lasmezas, C., Deslys, J., Demaimay, R. et al(1996), "BSE transmission to Macaques", *Nature* 381: 743~744.
168. Wells, G. A. H., Hawkins, S. A. C., Green, R. B. et al(1998), "Preliminary observation on the pathogenesis of experimental Bovine Spongiform Encephalopathy(BSE): an update", *Veterinary Record* 142: 103~106; The Specified Risk Material Order(1997), S. I. 1997/2964; Phillips, B. J. & Ferguson–Smith, M.(2000), *The BSE Inquiry: Report*, Vol. 2: 119(London: The Stationery Office).
169. Van Zwanenberg, P. & Millstone, E.(2005), *BSE: Risk, science and governance*: 210(Oxford: Oxford University Press).
170. James, P.(1997), *Food Standard Agency: an interim proposal, report to Tony Blair*(30 April, 1997).
171. Defra(2007), *TSE Review 2007: Final Report*(Department for Environment, Food and Rural Affairs).
172. Packer, R.(2006), *The Politics of BSE*(London: Palgrave Macmillan): 2

173. BBC(2007), "Public consulted over embryo work", *BBC News*(25 April).
174. "일본 전문가가 바라본 미국 쇠고기 수입—도쿄대 의대 가네코 기요토시 교수", 〈MBC 라디오 시선집중〉(2008년 5월 7일).
175. Pennington, H.(2003), *op. cit.*: 193.
176. 한국에는 미국 뉴욕의 발달장애기초연구소에서 스크래피에 대해 연구를 수행한 뒤 귀국하여 한림대학 의과대학에서 본격적으로 퇴행성 신경질환을 연구한 김용선 교수가 있지만, 의도치 않게 이번 광우병 논란에서 최대의 피해자가 된 듯하다. 그는 한국 인구의 크로이츠펠트야코프병에 대한 유전자적 취약성에 대한 논문을 발표한 뒤 이 논문이 미국 쇠고기 반대 입장의 기본적인 과학적 근거가 되면서 많은 비판의 대상이 되었다. 일부에서는 그의 연구의 객관성에 대해 문제를 제기하면서 점점 더 논쟁의 해결사 역할을 할 수 있는 전문가가 아닌 논란의 대상인 피해자가 되고 말았다. 이렇게 정치적인 논란에 쉽게 노출되고 과학자들의 전문 지식이 정치적인 논란에 이용되는 안타까운 상황은 현재 한국 사회에서 차지하는 과학의 위상을 쉽게 보여준다.
177. Tateishi, J., Ohta, M., Sato, Y. & Kuroiwa, Y.(1979), "Transmission of chronic spongiform encephalopathy with Kuru plaques from human to small rodents", *Annual Neurology* 5: 581~584.
178. Shinagawa, M., Matsuda, A., Sato, G., Takeuhi, M., Ichijo, S. & Ono, T.(1984), "Occurrence of ovine scrapie in Japan: clinical and histological findings in mice inoculated with brain homogenates of an affected sheep", *Japanese Journal of Veterinary Science* 46: 913~916.
179. Yamanouchi, K. & Yoshikawa, Y.(2007), "Bovine spongiform encephalopathy(BSE) safety measures in Japan", *Journal of Veterinary Medicine and Sciences* 69(1): 1~6.
180. Kim, T-Y., Kim, Y-S., Kim, J-K. et al(2005), "Risk analysis of bovine spongiform encephalopathy in Korea", *Journal of Veterinary Medicine and Sciences* 67(8): 743~752.
181. Kim, T-Y., Kim, Y-S., Kim, J-K. et al(2005), *ibid.*: 750.
182. Jeong, B-H., Nam, J-H., Lee, Y-J. et al(2004), "Polymorphisms of the prion protein gene(PRNP) in a Korean population", *Journal of Human Genetics* 49: 319~324.
183. Collenge, J.(2005), "Molecular neurology of prion disease", *Journal of*

Neurology, Neurosurgery & Psychiatry 76: 906~919; Palmer, M. S., Dryden, A. J., Hughes, J. T., College, J.(1991), "Homozygous prion protein genotype predisposes to sporadic Creutzfeldt-Jakob disease", *Nature* 352: 340~342; Collenge, J., Palmer, M. S., Dryden, A. J.(1991), "Genetic predisposition to iatrogenic Creutzfeldt-Jakob disease", *Lancet* 337: 1441~1442.

184. Watts, S.(2008), "Fears raised over new vCJD wave", *BBC News*(17 December, 2008).

185. Collenge, J., Whitfield, J., McKintosh, E. et al(2006), "Kuru in the 21st century—an acquired human prion disease with very long incubation periods", *Lancet* 367: 2068~2074.

186. Swan, S. H., Liu, F., Overstreet, J. W. et al(2007), "Semen quality of fertile US males in relation to their mothers" beef consumption during pregnancy", *Human Reproduction* 22(6): 1497~1502.

187. Polet, Yvan(2005), "Livestock and products: US beef faces stong competition on the European market", *Gain Report*(USDA Foreign Agricultural Service: 8 September, 2005).

참고문헌

ACARD(1982), *The Food Industry and Technology*(London: HMSO).

Alper, T. Haig, D. A., & Clarke, M. C.(1966), "The exceptionally small size of the scrapie agent", *Biochemical and Biophysical Research Communications* 22: 278~284.

Alper, T., Cramp, W. A., Haig, D. A. & Clarke, M. C.(1967), "Does the agent of scrapie replicate without nucleic acid?", *Nature* 214: 764~766(20 May 1967).

Altman, L. K.(1997), "US scientist wins Nobel Prize for controversial work", *New York Times*(7 October 1997).

Anderson, W.(2000), "The possession of kuru: medical science and biocolonial exchange", *Comparative Studies in Society and History* 42: 713~744.

________(2008), "Early perceptions of an epidemic", *Philosophical Transactions of the Royal Society B*, 363: 3675~3678.

Angus, K.(1990), *A History of the Animal Diseaess Research Association, 1920~1990*(Edinburgh: Moredun Research Institute).

Anonymous(1982), "Scrapie: strategies, stalemates and sucesses", *Lancet* : 1221~1223(29 May 1982).

ARS(1964), *Report of Scrapie Seminar: Held at Washington DC, 23~30 January 1964*(Washington, Agricultural Research Service).

Baldwin, M. A., Pan, K. M., Nguyen, J. et al.(1994), "Spectroscopic characterization of conformational differences between PrP^{c} and PrP^{sc}: an α-helix to β-sheet transition", *Philosophical Transactions of the Royal Society of London*, Series B 343: 435~442(29 March, 1994).

Beck, E., Daniel, P. M., Alpers, M., Gajdusek, D. C., and Gibbs, C. J.(1965), "Experimental Kuru" in chimpanzees: a pathological report", *Lancet* 2: 1056~1059 (7472).

Berndt, R. M.(1959), "A devastating disease syndrome: kuru sorcery in the eastern central highlands of New Guinea", *Sociologus* 8: 4~28.

Berndt, C.(1992), "Journey along mythic paths", T. E. Hays (ed.), *Ethnographic Presents: Pioneering Anthropologists in the Papua New Guinea Highlands*: 98~136(Berkeley: University of California Press).

Besnoit, C. & Morel, C.(1898), "Note sur les lesions nerveuses de la tremblante de mouton", *Comptes Rendus de la Societe de Biologie* 5: 536~538.

Blakeslee, S.(1991), "Heretic theory on brain diseases gains new ground", *New York Times*(8 October, 1991).

Bolton, D. C., McKinley, M. P., Prusiner, S. B.(1982), "Identification of a protein that purifies with the scrapie prion", *Science* 218: 1309~1311(4579).

Bolton, D. C.(2000), *Personal Communication with author*(16th Novemeber, 2000).

________, *Interview with author*(31 July, 2000: IBR, New York).

Brenner, S.(1970), "Note on cntral dogma of molecular biology", *Francis Crick Collection, PPCRI/H/4/20*(London: Wellcome Library).

Britton, T. C., Al-sarraj, S., Shaw, C. et al(1995), "Sporadic Creutzfeldt-Jakob Disease in a 16-year-old in the UK", *Lancet* 346: 1155.

Bruce, M. E., Chree, A., McConnell, I. et al.(1994), "Transmission of bovine spongiform encephalopathy and scrapie to mice: strain variation and the species barrier", *Philosophical Transactions of the Royal Society*, London, Series B 343: 405~411.

Bruce, M. E., Will, R. G., Ironside, J. W. et al(1997), "Transmission to mice indicates that 'new variant' CJD is caused by the BSE agent", *Nature* 389: 498~501(2 October 1997).

Bruce, M.(1999), *Interview with author*(9 June, 1999: Neuropathogenesis Unit, Edinburgh).

Bueler, H., Aguzzi, A., Sailer, A., et al.(1993), "Mice devoid of PrP are resistant to scrapie", *Cell* 73: 1339~1347.

Cameron, J. (1913) "Vide lecture to Northumberland shepherds: Society

at Ancroft, Northumberland", *Berwick News*(13th January, 1913).
Carlson, G. A.(2000), *Interview with author*(9 August, 2000: McLaughlin Research Institute, Great Falls, Montana).
Chandler, R. L.(1961), "Encephalopathy in mice produced by inoculation with scrapie brain material", *Lancet* 1: 1378~1379.
Chesebro, B. Race, R., Wehrly, K. et al.(1985), "Identification of scrapie prion protein-specific mRNA in scrapie-infected and uninfected brain", *Nature* 315: 313~333(23 May 1985).
Clarke, M. C.(2000), *Interview with author*(31 May, 2000: Institute of Animal Health, Compton).
Cohen, F.(2000), *Interview with author*(22 August, 2000, UCSF, San Francisco).
Collenge, J., Palmer, M. S., Dryden, A. J.(1991), "Genetic predisposition to iatrogenic Creutzfeldt-Jakob disease", *Lancet* 337: 1441~1442.
Collenge, J.(2005), "Molecular neurology of prion disease", *Journal of Neurology, Neurosurgery & Psychiatry* 76: 906~919.
Collenge, J., Whitfield, J., McKintosh, E. et al(2006), "Kuru in the 21st century-an acquired human prion disease with very long incubation periods", *Lancet* 367: 2068~2074.
________(2008), "A clinical study of kuru patients with long incubation periods at the end of the epidemic in Papua New Guinea", *Philosophical Transactions of the Royal Society B*, 363: 3725~3739
Comber, T.(1722), *Real Improvements in Agriculture: Letters to Reade Peacock, Esq and to Dr Hunter, Physician in York, concerning the Rickets in Sheep*(London: Printed for W. Nicoll).
Cooke, J.(1998), *Cannibals, Cows and the CJD Catastrophe*(London: Minerva).
Creutzfeldt, H. G.(1920), "Über eine eigenartige herdförmige Erkrankung des Zentralnervensystems", *Monographien aus dem Gesamtgebierte der Neurologie und Psychiatrie* 57: 1~18.
Crick F. H. C.(1958), "On protein synthesis", *Symposia of the Society for Experimental Biology* 12: 138~163.

Crick, F. H. C.(1970), "Central dogma of molecular biology", *Nature* 227 (8 August 1970): 561~563.

Cuille, J. & Chelle, P. L.(1936), "La maladie dite tremblante du mouton est-elle inoculable?", *Comptes Rendus de Academie des Sciences* (Paris) 203: 1552~1554.

Defra(2007), *TSE Review 2007: Final Report* (Department for Environment, Food and Rural Affairs).

DeJager, T.(1993), "Pure science and practical interests: the origin of the Agricultural Research Council 1930~1937", *Minerva* 31: 129~150.

Dickinson, A. G. & Meikle, V. M. E(1964), "Genetical control of the incubation period in mice of the neurological disease, scrapie", *Hereditary* 19: 279~288.

________(1969), "A comparison of some biological characteristics of the mouse-passaged scrapie agents, 22A and ME7", *Genetical Research* 13 (2): 213~225.

________(1971), "Host-genotype and agent effects in scrapie incubation: change in allelic interaction with different strains of agent", *Molecular and General Genetics* 112: 73~79.

Dickinson, A. G.(1999), *Interview with author*(15 September, 1999: Dunbar, Scotland).

Fischer, A. and Fischer, J. L.(1961), "Culture and epidemiology: a theoretical investigation of kuru", *Journal of Health and Human Behavior* 2 (1): 16~25.

Fink, J. H.(1797), "Answers to queries concerning the breeding of sheep in Germany, particularily Upper Saxony", *Communications to the Board of Agriculture on Subjects Relative to the Husbandary* (London: Board of Agriculture): 276~294.

Fraser, H., McConnell, I., Wells, G. A. H., & Dawson, M.(1988), "Transmission of bovine spongiform encephalopathy to mice", *Veterinary Record* 123 (18): 472.

Gajdusek, D. C., Gibbs, C. J. and Alpers, M.(1966), "Experimental transmission of a Kuru-like syndrome to chimpanzee", *Nature* 209 (25): 794~796.

Gajdusek, C.(1973), "Kuru in the New Guinea Highlands", John Spillance (ed.), *Tropical Neurology*(New York: Oxford University Press): 378.

________(1977), "Unconventional viruses and the origin and disappearance of Kuru", *Science* 197 (4307): 943~960.

Gentleman of Whiltshire(1777), "On the disease called the Goggles in sheep", *Letters and Papers on Agriculture: Bath and West of England Society* 1: 42~44.

Gibbs, C. J., Gajdusek, D. C., Asher, E. M. et al(1968), "Creuztfeldt-Jakob Disease: transmission to the chimpanzee", *Science* 161(3839): 388~389.

Goldberg, H., Alter, M., Kahana, E.(1979), "The Lybian Jewish focus of Creutzfeldt-Jakob disease: a search for the mode of natural transmission", S. B. Prusiner and W. J. Hadlow (eds.), *Slow Transmissible Diseases of the Central Nervous System* Vol.1 (New York: Academic Press): 195~211.

Gordon, W. S.(1946), "Advances in veterinary research: louping ill, tick-borne fever and scrapie", *The Veterinary Record* 58(47): 516~525.

Griffith, J. S.(1967), "Self-replication and scrapie", *Nature* 215 (2 September 1967): 1043~1044.

Hadlow, W. J.(1959), "Scrapie and kuru", *Lancet* 2(5 September): 289~290.

Holt, T. A. & Philips, J.(1988), "Bovine spongiform encephalopathy", *British Medical Journal* 296: 1581~1582.

Hope, J.(1994), "The nature of the scrapie agent: the evolution of the virino", *Annals of the New York Academy of Sciences* 724: 282~289.

Jacok, A.(1921), "Über eine eigenartige Erkrankung des Zentralnervensystem mit bemerkenswertem anatomischen Befunde", *Monographien aus dem Gesamtgebiete der Neurologie und Psychiatrie* 64: 147~228.

James, P.(1997), *Food Standard Agency: an interim proposal, report to Tony Blair*(30 April, 1997).

Jeong, B-H., Nam, J-H., Lee, Y-J. et al(2004), "Polymorphisms of the prion protein gene (PRNP) in a Korean population", *Journal of Human Genetics* 49: 319~324.

Karolinska Institute(1997), "The Nobel Assembly at the Karolinska Institute has today decided to award the Nobel Prize in physiology or Medicine for 1997 to Stanley B. Prusiner", *Press Release*(6 October, 1997).

Katscher, F.(1998), "It's Jakob's disease, not Creutzfeldt's", *Nature* 393: 11(7 May, 1998).

Kingman, S.(1993), "London meeting explores the ins and outs of prions", *Science* 262: 180~181.

Kim, K.(2007), *Social Construction of Disease: from Scrapie to Prion*(London: Routledge).

Kim, T-Y., Kim, Y-S., Kim, J-K. et al(2005), "Risk analysis of bovine spongiform encephalopathy in Korea", *Journal of Veterinary Medicine and Sciences* 67 (8): 743~752.

Kimberline, R. H and Walker, C. A.(1977), "Characteristics of a short incubation model of scrapie in the golden hamster", *Journal of General Virology* 34: 295~304.

Kimberlin, R. H.(1982), "Scrapie agent: prions or virinos?", *Nature* 297: 107~108(13 May 1982).

Kimberlin, R. H., Walker, C. A., Fraser, H.(1989), "The genomic identity of different strains of mouse scrapie is expressed in hamsters and preserved on reisolation in mice", *Journal of General Virology* 70: 2017~2025.

Kirschbaum, W. R.(1968), *Jakob-Creutzfeldt Disease*(New York: Elsevier).

Kocisko, D. A., Come, J. K., Priola, S. A. et al.(1994), "Cell-free formation of protease-resistant prion protein", *Nature* 370 (6489): 419~420.

Kolata, G.(1994), "Viruses or prions? An old medical debate still rages",

New York Times(4 October 1994).

Ladurie, E.(1971), *Times of Feast, Times of Famine: A History of Climate since the year 1000*(London: Doubleday).

Lasmezas, C., Deslys, J., Demaimay, R. et al(1996), "BSE transmission to Macaques", *Nature* 381: 743~744.

Leopoldt, J. G.(1959), *Nüzliche und auf die Erfahrung gegründete Einleitung zur Landwirtschaft*(Berlin: Glogau).

Lindenbaum, S.(1979), *Kuru Sorcery: Disease and danger in the New Guinea Highlands*(Boston: McGrow Hill).

Lord Privy Seal(1971), *A Framework for Government Research and Development*, Cmnd 4841(London: HMSO).

MacKenzie, A.(1987), "History of the Agricultural Research Council Institute of Research on Animal Diseases at Compton", *Unpublished Report*(Compton: IRAD).

MAFF(1980), "Proposed Processing Order: Consultation Paper" in C. Barclay (ed.), *Bovine Spongiform Encephalopathy and Agriculture*, House of Commons Library Research Paper 96/62, Section II B: 13.

________(1989), *Press Release 375/89, Ministry of Agriculture, Fisheries and Food*(25 September, 1989).

Manuelidis, L., Valley, S., Mnuelidis, E. E.(1985), "Specific proteins associated with Creutzfeldt-Jacob disease and scrapie share antigenic and carbohydrate determinants", *PNAS* 82: 4263~4267.

Manelidis, L.(2000), "The force of prions", *Lancet* 355: 2083(10 June 2000).

Masters, C. L, Harris, J. O., Gajdusek, D. C., Gibbs, C. J., Bernoulli, C., Asher, D. M.(1979), "Creutzfeldt-Jakob disease: patterns of worldwide occurrence and the significance of familial and sporadic clustering", *Annals of Neurology* 5: 177~188.

Mathews, J. D., Glasse, R., & Lindenbaum, S.(1968), "Kuru and cannibalism", *Lancet* 2: 449~452(24 August 1968).

Matibag, G. C., Igarashi, M. & Tamashiro, H.(2005), "BSE safety standards: an evaluation of public health policies of Japan, Europe and USA", *Environmental Health and Preventive Medicine* 10: 303~314.

Max, D. T.(2006), *The Family that Couldnt Sleep*(London: Portobello Books): 23.

Taylor, J.(2003), *The St. Albans Chronicle*(Oxford: Clarendon Press).

McArthur, J. R.(1955), *Report of a patrol originating at Okapa, No. 4 of 1954/1955*, Eastern Highlands District: 9.

Mead, S., Stumpf, M. P. H., Whitfield, J. et al.(2003), "Balancing selection at the prion protein gene consistent with prehistoric Kurulike epidemics", *Science* 300 (23 April 2003): 640~643.

Merz, P. A., Somerville, R. A., Winiewski, H. M., Iqbal, K.(1981), "Abnormal fibrils from scrapie-infected brain", *Acta Neuropathologica* 54 (1): 63~74.

Merz, P. A., Somerville, R. A, Winiewski, H. M., Manuelidis, L., Manuelidis, E. E.(1983), "Scrapie-associated fibrils in Creutzfeldt-Jacob disease", *Nature* 306 (5942): 474~476.

Mestel, R.(1996), "Putting prions to the test", *Science* 273: 184~189 (5272).

Meyer, R. K., McKinley, M. P., Bowman, K. A., Braunfeld, M. B., Barry, R. A., Prusiner, S. B.(1986), "Separation and properties of celluar and scrapie prion proteins", *PNAS* 83: 2310~2314.

Nature(1967), "What is scrapie?", *Nature* 214: 755(20 May, 1967).

Oesch, B, Westaway, D. Walchli, M. et al.(1985), "A cellular gene encodes scrapie PrP 27-30 protein", *Cell* 40: 735~746.

Ozel, M. & Diringer, H.(1994), "Small virus-like structure in fractions from scrapie hamster brain", *Lancet* 343 (8902): 894~895.

Ozel, M., Xi, Y.G., Baldauf, E., Diringer, H., & Pocchiari, M.(1994), "Small virus-like structure in brains from cases of sporadic and familial Creutzfeldt-Jakob disease", *Lancet* 344: 923~924(8927).

Packer, R.(2006), *The Politics of BSE*(London: Palgrave Macmillan).

Palmer, M. S., Dryden, A. J., Hughes, J. T., College, J.(1991), "Homozygous prion protein genotype predisposes to sporadic Creutzfeldt-

Jakob disease", *Nature* 352: 340~342.

Parry, H. B.(1983), *Scrapie Disease in Sheep: Historical, Clinical, Epidemiological, Pathological and Practical Aspects of the Natural Disease*(London: Academic Press): 45.

Pattison, I. H., Gordon, W. & Milson, G. C.(1959), "Experimental production of scrapie in goats", *Journal of Comparative Pathology* 69: 300.

Pattison, I. H. & Jones, K. M.(1967), "The possible nature of the transmissible agent of scrapie", *The Veterinary Record* 80 (1): 2~9.

Pennington, H.(2003), *When Food Kills: BSE, E. Coli and Disaster Science*(Oxford: Oxford University Press).

Perlman, D.(1982), "Tiny life form found", *San Francisco Chronicle*(19 February, 1982).

Phillips, B. J. & Ferguson-Smith, M.(2000), *The BSE Inquiry: Report*, Vol. 2:119 (London: The Stationery Office).

________(2000), *The BSE Inquiry: Report*, Vol. 3(London: The Stationery Office).

Porter, R.(2000), *Englightement: Britain and the Creation of the Modern World*(London: Penguin).

Prusiner, S. B.(1982), "Novel proteinaceous infectious particles cause scrapie", *Science* 216(4542): 136~144.

Prusiner, S. B., Groth, D. F., Bolton, D. C., Kent, S. B. Hood, L. E.(1984), "Purification and structural studies of a major scrapie prion protein", *Cell* 38: 127~134.

Prusiner, S. B.(1991), "Molecular biology of prion diseases", *Science* 252 (5012): 1515~1522.

________(1997), "Autobiography", *Nobel e-Museum*, Online, www.nobel.se/medicine/laureate/1997/prusiner-autobio.html.

________(1998), "prions", *PNAS* 95 (November 1998): 13363~13383.

________(2008), "Prions-a new principle of disease", *The Nobel Conversation: discovering the unexpected at Imperial College London* (17 Juneanuary 2008).

Puwa, A.(2008), "Most people still believe that kuru is caused by sorcery", *Philosophical Transactions of the Royal Society B*, 363: 3656.

Race, R.(2000), *Interview with author*(14 August, 2000: RML, Hamilton, Montana)

Rhodes, R.(1997), *Deadly Feasts: Tracking the secrets of a terrifying new plague*(New York: Simon & Schuster).

Ridley, R. M. & Baker, H. F.(1993), "Occupational risk of Creutzfeldt-Jakob disease", *Lancet* 341 (8845): 641~642.

________(1998), *Fatal Protein: The story of CJD, BSE, and other prion diseases*(Oxford: Oxford University Press).

Royal Commission on Environmental Pollution(1979), *Agriculture and Pollution*(London: HMSO).

Sawcer, S. J., Yuill, G. M., Esmonde, T. F. et al.(1993), "Creutzfeldt-Jakob disease in an individual occupationally exposed to BSE", *Lancet* 341 (8845): 642.

Schwartz, M.(2001), *How the Cows Turned Mad*(Berkeley: University of California Press).

Scott, M., Foster, D., Mirenda, C. et al.(1989), "Transgenic mice expressing hamster prion protein produce species-specific scrapie infectivity and amyloid plaques", *Cell* 59: 847~857(1 December 1989).

Scott, M., Groth, D., Foster, D. et al.(1993), "Propagation of prions with artificial properties in transgenic mice expressing chimeric PrP genes", *Cell* 73: 979~988(4 June 1993).

Shinagawa, M., Matsuda, A., Sato, G., Takeuhi, M., Ichijo, S. & Ono, T.(1984), "Occurrence of ovine scrapie in Japan: clinical and histological findings in mice inoculated with brain homogenates of an affected sheep", *Japanese Journal of Veterinary Science* 46: 913~916.

Siderius, C.(1893), *L"Alimentation des animaux domestiques, formulaires de rationas*(Paris: Balliere).

Sigurdsson, B.(1954), "Rida: a chronic encephalitis of sheep: with general remarks on infection which develop slowy and some of their

special characteristics", *The British Veterinary Journal* 110: 341~354.
Silcock, B.(1967), "Sheep give clue to mysterious of life", *Sunday Times*: 1, 4(22 January, 1967).
Southwood, R. (1989), "Southwood Working Party, 1988~1989", *Report of the BSE Enquiry* Vol. 4 (London: HMSO, 2002).
Spielmeyer, W. (1922), "Die histopathologische Forschung in der Phychiatrie", *Klinische Wochenscrift* 1: 1817~1819.
Stockman, S.(1913), "Scrapie: an obscure disease of sheep", *Journal of Comparative Pathology and Therapeutics* 26: 317~327.
Stumpf, G.(1785), *Versuch einer progmatischen Geschichte der Schäfereien in Spanien, und der Spanischen in Sachsen* (Leipzig: J.G. Müller).
Tateishi, J., Ohta, M., Sato, Y. & Kuroiwa, Y.(1979), "Transmission of chronic spongiform encephalopathy with Kuru plaques from human to small rodents", *Annual Neurology* 5: 581~584.
Tateishi, O. & Kim, C-K.(2006), "BSE situation and establishment of food safety commission in Japan", *Journal of Veterinary Science* 7 (1): 1~11.
Taubes, G.(1986), "The game of the name is fame, But is it science?", *Discover* (December, 1986):28~52.
Telling, G. C., Scott, M. Hsiao, K. K. et al(1994), "Transmission of Creutzfeldt-Jakob disease from human to transgenic mice expressing chimeric human-mouse prion protein", *PNAS* 91: 9936~9940.
Telling, G. C., Scott, M., Mastrianni, J. et al(1995), "Prion propagation in mice expressing human and chimeric PrP transgenes implicates the interaction of cellular PrP with another protein", *Cell* 83: 79~90.
The Specified Risk Material Order(1997), S. I. 1997/2964.
Van Zwanenberg, P. & Millstone, E.(2005), *BSE: Risk, Science and Governance* (Oxford: Oxford University Press).
Vogel, G.(1997), "Prusiner recognized for oce-heretical prion theory", *Science* 278: 214.
Vyner, R.(1755), "Report from the Select Committee on the petition of several breeders and feeders of sheep in the county of Lincoln",

Report of the Select Committees, First Series XI: 379.
Watson, J. D. & Crick, F. H. C(1953), "Molecualr structure of nucleic acids", *Nature* 171 (25 April 1953): 737~738.
Watts, S.(2008), "Fears raised over new vCJD wave", *BBC News*(17 December, 2008).
Wells, G. A. H., Scott, A. C., Johnson, C. T. et al.(1987), "A novel progressive spongiform encephalopathy in cattle", *Veterinary Record* 121: 419~420.
Wells, G. A. H., Hawkins, S. A. C., Green, R. B. et al(1998), "Preliminary observation on the pathogenesis of experimental Bovine Spongiform Encephalopathy (BSE): an update", *Veterinary Record* 142: 103~106.
Westaway, D., Neuman, S. Zuliani, V. et al.(1992), "Transgenic approaches to experimental and natural prion diseases" in S. B, Prusiner, J. Collinge, J. Powell & B. Anderson (eds.), *Prion Diseases of Humans and Animals*(Chichester: Ellis Horwood): 473~482.
Wickner, R. B.(2005), "Scrapie in ancient China?", *Science* 309: 874(5 August, 2005)
Wilesmith, J. W., Wells, G. A. H. Cranwell, M. P. & Ryan, J. B. M. (1988), "Bovine spongiform encephalopathy: epidemiological studies", *Veterinary Record* 123: 638~644.
Wilesmith, J. W., Ryan, J. B. & Atkinson, M. J.(1991), "Bovine spongiform encephalopathy: epidemiological studies on the origin", *Veterinary Record* 128 (9): 199~203.
Wll, R. G., Ironside, J. W., Zeidler, M. et al(1996), "A new variant Creutzfeldt-Jakob disease in the UK", *Lancet* 347 (9006): 921~925.
Williams, R.(1973), "Some political aspects of the Rothschild affair", *Science Studies* 3: 34~46.
Wilson, D. R., Anderson, R. D. & Smith, W.(1950), "Studies in scrapie", *Journal of Comparative Pathology* 60:267~282.
Yam, P.(2003), *The Pathological Protein: Mad cow, chronic wasting disease and other deadly prion disease*(New York: Copernicus Books).

Yamanouchi, K. & Yoshikawa, Y.(2007), "Bovine spongiform encephalopathy(BSE) safety measures in Japan", *Journal of Veterinary Medicine and Sciences* 69 (1): 1~6.
Youatt, W.(1837), *Sheep: Their Breeds, Management and Diseases* (London: Robert Baldwin).
Young, A.(1813), *General View of the Agriculture of Oxfordshire* (London: Sherwod, Neely and Jones).

찾아보기

광우병 논쟁

초판 인쇄 | 2009년 8월 14일
초판 발행 | 2009년 8월 24일

지 은 이 | 김기홍
펴 낸 이 | 김정순
책임편집 | 허영수
펴 낸 곳 | (주) 북하우스 퍼블리셔스
출판등록 | 1997년 9월 23일 제406-2003-055호

주 소 | 121-840 서울시 마포구 서교동 395-4 선진빌딩 6층
전자메일 | editor@henamu.com
전화번호 | 02-3144-3123
팩 스 | 02-3144-3121

ISBN 978-89-5605-379-0 03500

이 도서의 국립중앙도서관 출판도서목록(CIP)은 e-CIP 홈페이지(http://www.nl.go.kr/ecip)에서
이용하실 수 있습니다.(CIP제어번호 : CIP2009002421)